Ausgestorbene TIERE

BERNHARD KEGEL

Ausgestorbene TIERE

DUMONT

INHALT

VORWORT

Kennen Sie Endlinge? Nein, es handelt sich nicht um Bewohner von Tolkiens Mittelerde. Endlinge sind real und tragen Namen wie Benjamin, Incas, Lonesome George und Martha. Sie waren und sind Teil einer traurigen Wirklichkeit. Sogar ein sinfonisches Werk wurde ihnen gewidmet: *Endling* (2006) stammt von dem australischen Komponisten Andrew Schultz und entspringt, so schreibt er selbst, »einem unermesslichen Gefühl des Bedauerns und der Trauer angesichts all dessen, was vom Antlitz der Erde verschwunden ist«.

Ich kenne dieses Gefühl. Besonders stark habe ich es vor 20 Jahren auf dem Gelände des Pukaha Mount Bruce National Wildlife Centre in Neuseeland gespürt. In einem dicht bewachsenen Gehege watschelten vier kleine, braune, flugunfähige Enten durch das Gras – eine der seltensten Vogelarten der Welt. Sie gehörten zur bejubelten Nachzucht jenes Jahres, vier von insgesamt 40 Campbellenten, die damals noch lebten. Sie dabei zu beobachten, wie sie unbekümmert zwischen den Pflanzen herumstöberten, weit weg von ihrem natürlichen Lebensraum in der Subantarktis und ohne die geringste Vorstellung davon, wie dünn der Faden war, an dem das Leben ihrer Spezies hing, hat mich tief berührt. Endlinge – die Letzten ihrer Art.

Das Wort wurde zum ersten Mal 1996 in dem führenden Wissenschaftsjournal *Nature* gebraucht, und streng genommen gibt es von ihm keinen Plural, denn ein Endling ist das letzte meist in einem Zoo lebende Individuum einer Tierart, so wie Benjamin, der wohl berühmteste Endling, ein australischer Beutelwolf (S. 48). Von ihm existieren noch Filmaufnahmen. Von Martha, der letzten Wandertaube (S. 88), gibt es immerhin Fotografien, von Incas, dem letzten Karolinasittich (S. 92), nicht einmal das.

Dass sich ein australischer Künstler für Endlinge interessierte, ist nicht verwunderlich. In Down Under wissen die Menschen besser als anderswo, was Artentod bedeutet, denn dort war ein gutes Drittel aller seit 1500 ausgestorbenen Säugetierarten zu Hause. Das benachbarte Neuseeland verlor seit Ankunft des Menschen vor 700 Jahren die Hälfte seiner außergewöhnlichen Vogelfauna. Aufgrund genetischer Daten berechnete eine internationale Forschergruppe, dass es 50 Millionen Jahre dauern würde, bis die Evolution diese verlorene Vielfalt wieder neu geschaffen hätte.

Wie die Komposition von Andrew Schultz will auch dieses Buch die Verluste betrauern, die die Tierwelt bereits erlitten hat. Es tut dies, indem es 50 ausgewählte ausgestorbene Tierarten durch die Augen von Gelehrten und Künstlern betrachtet und so ihre erloschene Schönheit und Anmut feiert. Es handelt sich um historische Darstellungen aus den Beständen der Staatsbibliothek zu Berlin, die zum Teil von den berühmtesten Tiermalern ihrer Zeit stammen. Namen wie John Gould oder John James Audubon sind durch ihre monumentalen Werke wie *The Mammals of Australia* oder *The Birds of America* auch über einen engen Kreis von Spezialisten hinaus bekannt geworden.

Wir haben uns bemüht, eine möglichst vielfältige Auswahl zu treffen, sowohl hinsichtlich der geografischen Herkunft als auch in Bezug auf die Art der gezeigten Tiere. Von wenigen Ausnahmen abgesehen werden hier Tierarten präsentiert, die noch zu historischen Zeiten existierten, denen Menschen also noch in die Augen schauen konnten. Dinosaurier gehören nicht dazu, um die großen Massenaussterbeereignisse geht es hier nicht, wohl aber Mammuts, die bis 1500 v. Chr. auf einigen arktischen Inseln überlebten. Mit Waldrapp und Spix-Ara wurden zwei Spezies aufgenommen, die »nur« im Freiland ausgestorben oder sehr selten geworden sind, für die aber umfangreiche Wiederansiedlungsprogramme laufen, mit offenem Ausgang.

Der Schwerpunkt liegt jedoch auf Tierarten, die während der letzten 500 bis 1000 Jahre tatsächlich ausstarben, und unter diesen notgedrungen auf Säugetieren und Vögeln. Darstellungen anderer Tiere, vor allem der ungleich zahlreicheren wirbellosen Tierarten, sind im Verhältnis gesehen viel seltener. In diesem Zeitraum muss das Aussterben immer im Zusammenhang mit Aktivitäten der aufstrebenden Menschheit gesehen werden. Tatsächlich ist keine einzige Tierart bekannt, die in dieser Zeit nachweislich nur aus »natürlichen« Gründen ausgestorben wäre, ohne Beteiligung des Menschen. Auch die Tatsache, dass Endlinge bis zu ihrem Tod in Zoos ein üppiges Gnadenbrot erhielten, kann nicht darüber hinwegtäuschen, dass es Menschen waren, die ihre Spezies in diese katastrophale Lage gebracht haben.

Beim Betrachten der Bilder sollten Leserinnen und Leser im Kopf behalten, dass viele in einer Zeit entstanden, in der es diese Tierarten noch gab und ihr Schicksal nicht absehbar war. Wie hätte ein Audubon in der ersten Hälfte des 19. Jahrhunderts wissen sollen, dass von den zu seiner Zeit noch massenhaft vorkommenden Wandertauben, die er in einer berühmten Darstellung festhielt, nur 100 Jahre später kein einziger Vogel mehr existieren würde?

Dadurch, dass wir sie hier präsentieren, werden diese großartigen Lebewesen nicht wieder zum Leben erweckt, wohl aber in ehrendem Andenken gehalten, stellvertretend für viele andere. Das ist das Mindeste, was wir für sie tun können. Möge ihr Schicksal uns Mahnung und Ansporn sein, weiteres Artensterben, soweit es in unserer Macht liegt, zu verhindern.

Das Schicksal der eingangs erwähnten kleinen Entenart zeigt, dass entschiedenes Handeln Großes bewirken kann. Denn was man vor 20 Jahren kaum zu hoffen wagte, ist eingetreten: Die Enten haben überlebt, und nachdem auf Campbell Island eine der dichtesten Rattenpopulationen der Welt durch Gifteinsatz ausgelöscht wurde, bewohnen ausgewilderte Vögel heute wieder ihre alte subantarktische Heimat, vielleicht auch Nachkommen der vier, die ich damals beobachten konnte. Die Zahl der wild lebenden Campbellenten (*Anas nesiotis*) wird heute auf mehr als 500 Tiere geschätzt.

VOM AUSSTERBEN DER ARTEN

HINTERGRUND- UND MASSENAUSSTERBEN

Individuen sterben, Arten sterben aus. Das eine ist so unausweichlich wie das andere. Die den Tier- und Pflanzenarten vergönnte Zeit ist begrenzt, weil die auf der Erde herrschenden Bedingungen sich fortwährend ändern. Dieses sogenannte Hintergrundaussterben, das zu allen Zeiten geschieht, trifft aber immer nur einen kleinen Teil der Tier- und Pflanzenwelt: innerhalb eines Zeitraums von 1000 Jahren etwa eine von 1000 Arten. In der Regel wird dieser Verlust durch neu entstehende Arten mindestens ausgeglichen.

Sehr selten verändert sich die globale Umwelt aber durch gewaltige Vulkanausbrüche oder kosmische Katastrophen derart rasch und drastisch, dass ein Großteil der zu dieser Zeit existierenden Fauna und Flora ausgelöscht wird. Die Aussterberate beschleunigt sich auf das Zehn- bis Einhundertfache der »normalen« Werte. Heute, im Anthropozän, liegt sie sogar noch höher.

Vor etwa 250 Millionen Jahren, während des schlimmsten der in den Fossilüberlieferungen bezeugten fünf Massenaussterbeereignisse, wurden über 95 Prozent aller damals lebenden Tier- und Pflanzenarten ausgelöscht, ein Einschnitt zwischen Perm und Trias, der in der Geologie das Ende des Erdaltertums markiert. Schon 200 Millionen Jahre früher, gegen Ende des Ordoviziums, hatte es immerhin 85 Prozent aller Spezies getroffen. Und 50 Millionen Jahre später, nach dem Ende der Trias, waren es mehr als 70 Prozent, darunter fast alle großen Reptilien und Amphibien, mit Ausnahme einiger Meeresechsen und der Dinosaurier und Flugsaurier an Land. Doch auch die blieben nicht verschont. Ihr Höhenflug endete abrupt, als vor 66 Millionen Jahren ein Asteroid mit einem Durchmesser von zehn Kilometern auf dem Gebiet des heutigen Mexikos einschlug. Mit den Sauriern starben auch die Ammoniten aus, desgleichen zwei Drittel aller Vogelfamilien, vier Fünftel aller Echsen- und Schlangenarten sowie zwei Drittel aller Säugetierfamilien. Hätte es all diese globalen Katastrophen nicht gegeben, würde die Tierwelt der Erde heute völlig anders aussehen. »Arten sind die meiste Zeit über nur einem geringen Aussterberisiko ausgesetzt«, fasste der prominente US-amerikanische Paläontologe David Raup das Geschehen zusammen. »Lange Phasen der Langeweile wechseln sich ab mit Augenblicken der Panik.« Und natürlich sind es diese Momente, in denen alles drunter und drüber ging, die die Paläontologen am meisten interessieren.

So dramatisch diese Einschnitte auch waren, sogar die tiefsten Wunden in der Lebensvielfalt unseres Planeten verheilten. Allerdings brauchte es dafür Zeit, viel Zeit. Irgendwann, nach Jahrmillionen, erreichte die Zahl der Pflanzen- und Tierarten auf der Erde stets wieder die alte Marke – und sie stieg weiter, jedes Mal auf neue Höchststände.

WIE LANGE LEBEN ARTEN?

Auch wenn der Planet heute von so vielen verschiedenen Lebewesen wie nie zuvor in der Erdgeschichte bewohnt wird, sind doch noch viel mehr Organismenarten ausgestorben. Die Zahl der Pflanzen- und Tierarten, die je auf der Erde existiert haben, wird auf mindestens vier Milliarden geschätzt; manche Wissenschaftler gehen noch von weit höheren Zahlen aus. Klar ist aber, dass davon über 99 Prozent ausgestorben sind. Die Lebensdauer der einzelnen Arten war dabei sehr unterschiedlich. Manche Ammoniten existierten nur wenige Hunderttausend Jahre, Methusalem-Arten wie die Pfeilschwanzkrebse sind dagegen schon mehrere Hundert Millionen Jahre alt, haben sich in dieser Zeit kaum verändert und existieren als lebende Fossilien noch immer. Für die meisten Arten, auch die meisten Säugetiere, dürfte die Lebensspanne bei wenigen Millionen Jahren liegen.

Stirbt eine Art aus, heißt das nicht notwendigerweise, dass alle Individuen ihrer Abstammungslinie sterben mussten. Eine Art kann auch dadurch ausgelöscht werden, dass sie sich in zwei oder mehrere neue Spezies aufspaltet, zum Beispiel durch geografische Separation, oder sie verändert sich morphologisch so stark, dass Wissenschaftler ihr einen neuen Namen geben und sie als neue Spezies betrachten. Durch Hybridisierung können zwei Arten auch miteinander verschmelzen, oder eine kann in der anderen aufgehen, wie das etwa für die Eis- und Grizzlybären in Nordamerika befürchtet wird.

DER LAZARUS-EFFEKT

Manchmal tauchen verloren geglaubte Arten nach Jahren plötzlich wieder auf, weil sie in unübersichtlichem Terrain doch irgendwo überleben konnten – der sogenannte Lazarus-Effekt. Die Frage, ob eine Art ausgestorben ist oder nicht, ist also keineswegs trivial. Wird ein großes fossiles Skelett mit Merkmalen gefunden, die kein heute lebendes Tier aufweist, kann man mit großer Sicherheit davon ausgehen, dass die Art und ein mehr oder weniger großer Teil ihrer Verwandtschaft ausgestorben sind. Doch sogar in diesem Fall sind Überraschungen nicht auszuschließen.

Ein spektakuläres Beispiel lieferte eine urtümliche Gruppe von Fischen, die berühmten Quastenflosser (*Latimeria*), von denen man glaubte, sie seien seit der Kreidezeit ausgestorben, seit etwa 70 Millionen Jahren. Bis Marjorie Courtenay-Latimer, Leiterin eines südafrikanischen Meeresmuseums, 1938 im Fang des befreundeten Kapitäns Hendrik Goosen ein großer, ungewöhnlich aussehender, blau schimmernder Fisch auffiel, den sie noch nie zuvor gesehen hatte. Ein halbes Jahrhundert später konnte eine deutsche Forschergruppe vom Max-Planck-Institut für Verhaltensphysiologie, geleitet vom Biologen Hans Fricke, die Tiere sogar in ihrem natürlichen Lebensraum vor den Komoren im Indischen Ozean filmen. Vor der Insel Sulawesi wurde danach noch eine zweite lebende Quastenflosserart aufgespürt.

Aus Entdeckungen wie diesen speist sich die offenbar nicht totzukriegende Überzeugung mancher Kryptozoologen, im schottischen Loch Ness oder im Kongo würden überlebende Plesiosaurier oder andere Ungeheuer früherer Erdzeitalter fortexistieren. Verbirgt sich hinter dem Yeti oder seinem amerikanischen Pendant Bigfoot etwa ein großer vorzeitlicher Affe? Leider – denn es wäre ja wirklich eine ganz außergewöhnliche Sensation, die jede Biologin und jeden Biologen begeistern würde – gibt es dafür keine überzeugenden Beweise.

SEIN ODER NICHTSEIN – DAS IST HEUTE DIE FRAGE

Während die Feststellung des Aussterbens von Arten vergangener Erdzeitalter in der Regel relativ unproblematisch ist, sieht das bei Vertretern der heutigen Tierwelt ganz anders aus. Weil große Teile der Welt zoologisch bei Weitem nicht so gut erforscht sind wie das dicht bevölkerte Mitteleuropa oder Nordamerika, stellt sich für viele seltene Tierarten die Frage: Gibt es sie noch oder schon nicht mehr? Tiere von der Größe eines Beutelwolfs oder gar eines Breitmaulnashorns können sich heute nur schwer über längere Zeit vor den Menschen verbergen; für kleinere und unscheinbarere Arten, die den Löwenanteil des Tierreichs ausmachen und von großer ökologischer Bedeutung sind, gilt das aber nicht.

Gerade ist im Regenwald der indonesischen Provinz Südkalimantan der Schwarzbrauen-Mausdrossling wiedergefunden worden. Zu Zeiten Darwins in den 1840er-Jahren von dem deutschen Naturforscher Carl Schwaner »gesammelt« und zehn Jahre später von einem Franzosen als Art beschrieben, landeten die starengroßen Vogelbälge schließlich in einer Museumsschublade. Seitdem wurde im Freiland nie wieder einer der Artgenossen gesehen – bis der Mausdrossling kürzlich, nach 170 Jahren, zwei indonesischen Dorfbewohnern auffiel, weil sie diesen Vogel nicht kannten. Jetzt weiß man, dass den Museumsexemplaren damals Glasaugen in der falschen Farbe eingesetzt worden waren: Die Augen sind nicht gelb, sondern tiefrot oder rotbraun.

Der Schwarzbrauen-Mausdrossling ist kein Einzelfall. Einer Studie aus dem Jahr 2011 zufolge wurden während der letzten gut 120 Jahre mehr als 350 Säugetier-, Vogel-, Reptilien- und Amphibienarten, die man für ausgestorben gehalten hatte, wiedergefunden, die meisten im tropischen Regenwald. Zwischen ihrem vermeintlichen Verlust und der überraschenden Wiederentdeckung lagen durchschnittlich 61 Jahre. Solange noch große zusammenhängende Waldgebiete existieren, sollte man also gerade in den Tropen die Hoffnung nie aufgeben. Fast alle diese Tiere – die Liste ist seit Erscheinen der Studie noch länger geworden – waren allerdings so schwer zu finden und derart selten, dass sie kurz nach ihrer Neuentdeckung als vom Aussterben bedroht eingestuft wurden.

WANN GILT EINE ART ALS AUSGESTORBEN?

Wie kann man unter diesen Umständen sicher sein, dass eine Tierart wirklich ausgestorben ist? Gar nicht, lautet die unbefriedigende, aber vermutlich richtige Antwort. Besonders in den Tropen und in der unermesslichen Weite der Ozeane ist der Beweis dafür, dass eine Art ausgestorben ist, mit vertretbarem Aufwand kaum zu führen, ein Rest Unsicherheit bleibt immer.

Man muss also vorsichtig und pragmatisch vorgehen, und das tut die IUCN, die International Union for Conservation of Nature and Natural Resources, mit Sitz im schweizerischen Gland am Genfer See. Bei ihr laufen die weltweit gewonnenen Erkenntnisse über Vorkommen und Bestand der bedrohten Tierarten zusammen, und sie stellt gewissermaßen »offiziell« das Aussterben fest. Dabei arbeitet sie mit folgender Definition:

»Ein Taxon«, also eine Art, eine Gattung oder eine ganze Familie, »ist ausgestorben, wenn es keinen vernünftigen Zweifel daran gibt, dass das letzte Individuum gestorben ist. Ein Taxon gilt als ausgestorben, wenn gründliche Untersuchungen in bekannten und/oder vermuteten Habitaten während geeigneter Zeiten (täglich, saisonal, jährlich) in seinem historischen Verbreitungsgebiet kein Individuum haben nachweisen können. Die Untersuchungen sollten sich über ein Zeitfenster erstrecken, das dem Lebenszyklus und der Lebensweise des Taxons entspricht.«

Für viele Tierarten, vor allem für das Riesenheer der Wirbellosen zu Lande und zu Wasser verfügen wir nicht über genügend Daten, um eine gesicherte Einschätzung vornehmen zu können. Obwohl sie seit etlichen Jahren oder sogar Jahrzehnten nicht mehr gesehen wurden, werden zahlreiche Tierarten in den Listen der IUCN nicht als »ausgestorben« (*EX – Extinct*) geführt, weil schon lange niemand mehr wirklich gründlich am richtigen Ort und zur richtigen Zeit nach ihnen gesucht hat. Wir wissen schlicht nicht, ob es von ihnen noch stabile Populationen oder wenigstens überlebende Exemplare gibt, und werden es mit der erforderlichen Sicherheit wohl auch nicht erfahren, es sei denn, der infrage kommende Lebensraum würde vollständig degradiert oder vernichtet, sodass sich eine weitere Suche erübrigen würde.

URSACHEN DES AUSSTERBENS

Die Gründe für das Aussterben von Tierarten sind vielfältig. Wieder stellt sich die Frage nach dem Warum nicht so sehr für die Massenaussterbeereignisse. Wenn globale Katastrophen große Teile des Planeten in ein Höllenlabor verwandeln, erleiden Tier- und Pflanzenwelt einen unvermeidlichen vieltausendfachen Artentod. Viel eher schon muss man fragen, wie Lebewesen solch ein Inferno überhaupt in ausreichender Zahl überleben konnten, um einen erfolgreichen Neuanfang zu starten. Den Einschlag des Asteroiden in Mexiko überlebte kein Landtier, das größer als eine Katze war.

Heute lebende Tierarten sind jedoch aus anderen Gründen vom Aussterben bedroht. Hier intensiv Ursachenforschung zu betreiben, ist schon deshalb wichtig, weil wir nur auf der Basis genauer Kenntnisse von Lebensumständen und Ansprüchen der gefährdeten Tiere erfolgreichen Natur- und Artenschutz betreiben können. Letztlich hängt davon auch unser eigenes Wohlergehen ab, denn organismische Vielfalt verleiht Ökosystemen Stabilität und Widerstandskraft und befähigt sie zu den unbezahlbaren Dienstleistungen, die unsere Existenz erst ermöglichen: Sie beliefern uns mit reiner Luft, sauberem Wasser, gesunden Böden, Holz, Nahrung, Ruheräumen und vielem mehr.

Die folgenden Kurzbiografien und Aussterbegeschichten haben eines gemeinsam: Immer war der Mensch beteiligt, entweder direkt, zum Beispiel als Jäger oder Fischer, oder indirekt, indem er Lebensräume veränderte, Wälder vernichtete oder Tiere wie Katzen, Füchse oder Ratten einschleppte.

Dem Aussterben geht stets eine längere Phase des Populationsrückgangs voraus: Es sterben mehr Tiere, als geboren werden. Natürlich sind Bestandsschwankungen eine normale Erscheinung. Gute Jahre mit vielen Nachkommen gleichen verlustreiche Perioden wieder aus. Hält ein negativer Trend aber über längere Zeit an, etwa weil andere Arten dauerhaft als überlegene Konkurrenten oder Fressfeinde auftreten, führt die Entwicklung unweigerlich zum Artentod. Dies gilt auch für Tiere, die einmal sehr häufig waren. Viele der im vorliegenden Buch gezeigten Spezies sind diesen Weg gegangen. Ihr Todesengel war der Mensch.

Die Ursachen des Populationsschwunds und des endgültigen Aussterbens müssen dabei nicht die gleichen sein. Ein verändertes Klima, Jäger oder Raubtiere könnten eine Art bis auf wenige kleine Reliktpopulationen dezimiert haben, doch erst ein Waldbrand, eine Überschwemmung, ein Hurrikan oder schlicht der Zufall führt dann letztlich zu ihrem Aussterben.

Kleine Populationen sind aus mehreren Gründen besonders gefährdet. Sie sind in der Regel genetisch verarmt, weil mit dem Tod vieler Individuen auch zahlreiche genetische Varianten verloren gegangen sind. Da bei derart geringen Individuenzahlen viele Tiere miteinander verwandt sind, treten darüber hinaus Inzuchteffekte auf. Nachteilige Gene reichern sich an und kommen in immer mehr reinerbigen Individuen auch zur Ausprägung. Anpassungsfähigkeit und Widerstandskraft der Art werden weiter geschwächt.

Ein eindrückliches Beispiel lieferten die letzten Wollhaarmammuts. Auf dem Festland waren ihre Artgenossen schon ausgestorben; der nach dem Abschmelzen der Gletscher steigende Meeresspiegel hatte aber auf Inseln kleine Restpopulationen isoliert. Auf der russischen Wrangelinsel lebten nur wenige Hundert Tiere, die bald deutliche Anzeichen von Inzucht aufwiesen. Moderne molekulargenetische Untersuchungen konnten bei ihnen Gendefekte aufspüren, die die Spermienqualität und damit die Fruchtbarkeit der Bullen beeinträchtigten. Zudem scheinen sie unter Diabetes und einem eingeschränkten Geruchssinn gelitten zu haben.

Trotzdem könnte es letztlich wieder der Homo sapiens gewesen sein, der ihr Schicksal besiegelte. Das Aussterben der Wrangel-Mammuts fällt zeitlich genau mit den frühesten Zeichen für die Anwesenheit von Menschen zusammen.

SÄUGETIERE

Sie sind unsere zoologischen Schwestern und Brüder, Cousins und Cousinen. Säugetiere leben vor allem an Land, in geringerer Zahl auch in Süß- und Salzwasser; in Gestalt der Fledermäuse haben sie sogar den Luftraum erobert. Mit Elefanten und Walen stellen sie die größten heute existierenden Land- und Meerestiere, mit dem Blauwal sogar das schwerste Tier, das je gelebt hat.

Säugetiere entstanden als Zeitgenossen der Dinosaurier im frühen Erdmittelalter, entfalteten sich aber erst nach deren Aussterben vor 66 Millionen Jahren. Ihnen allen gemeinsam sind das wärmeisolierende Fell und die Ernährung der Jungtiere mithilfe einer Nährflüssigkeit, der Milch, die von speziellen Drüsen der weiblichen Tiere erzeugt wird. Bis auf die Kloakentiere (Schnabeltier und Ameisenigel) sind alle Säugetiere lebendgebärend.

Bisher wurden 6554 Arten beschrieben, es werden aber noch immer neue entdeckt, darunter sogar Affen und große Tiere wie Wildrinder und Tapire. 103 Arten sind in jüngerer Zeit (seit 1500 v. Chr.) ausgestorben.

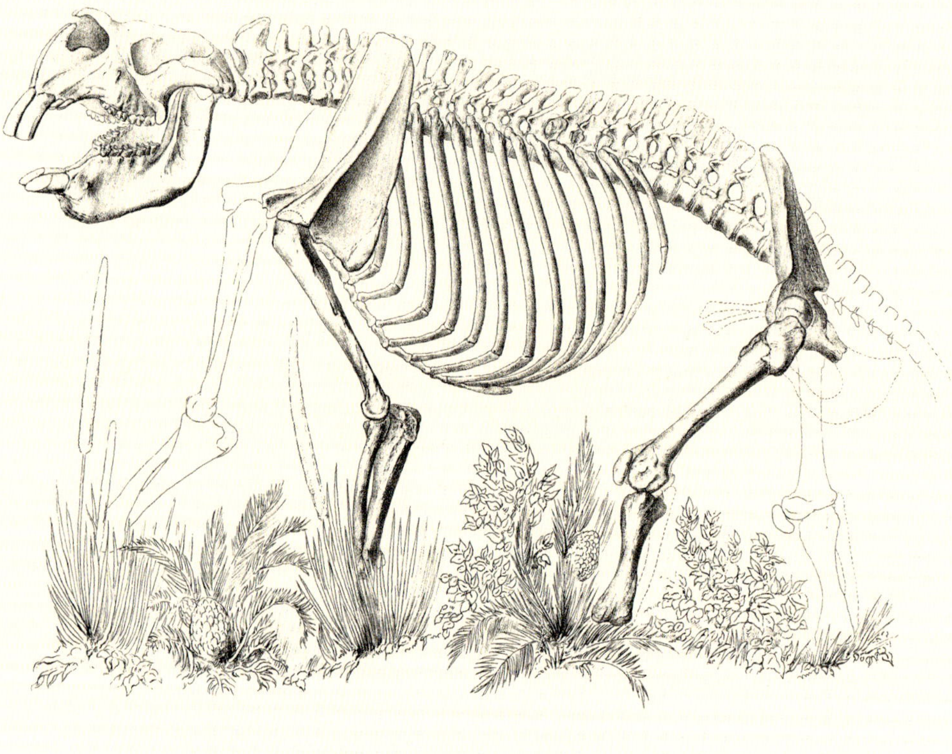

RIESENWOMBAT

Diprotodon optatum

VERWANDTSCHAFT
Familie der Diprotodontidae innerhalb der Beuteltiere (Marsupialia)

VORKOMMEN
Australien, Sahul

AUSGESTORBEN
vor 44 000 bis 25 000 Jahren

AUSSTERBEURSACHE
Klimawandel, Jagd?

ABBILDUNG
Lithografie, 1877

Es hatte das Format eines Nashorns, allein sein Schädel konnte einen Meter lang werden. Damit war das *Diprotodon* das größte Beuteltier aller Zeiten. An die nah verwandten Wombats erinnert nicht nur seine kompakte Gestalt mit den kurzen, säulenförmigen Beinen, sondern auch der zum Körperende hin geöffnete Beutel.

Die Männchen des *Diprotodons* waren wahrscheinlich Einzelgänger, während die deutlich kleineren Weibchen in Gruppen zusammenlebten, wie es bei vielen Säugetierarten mit ausgeprägtem Sexualdimorphismus der Fall ist. Ihre Körpermasse von zwei bis drei Tonnen hinderte die Tiere nicht daran, ausgedehnte Wanderungen durchzuführen, wie jüngst Isotopenanalysen ihres Zahnschmelzes ergaben. Weil viel Wasser in den Gletschern gebunden war, lag der Meeresspiegel damals niedrig; Australien, Neuguinea und Tasmanien bildeten eine einzige Landmasse, genannt »Sahul«. Im Osten dieses Kontinents legten die schwerfälligen Tiere jährlich etwa 200 Kilometer zurück. Sie waren damit die einzigen Beuteltiere, die jemals solche saisonalen Wanderungen unternahmen. Auf dem Weg verzehrten sie harte Pflanzenkost, die sie mit ihren nach vorn ragenden Vorderzähnen ausrissen. Wie bei den Nagetieren nutzten sich diese Zähne beim Fressen ab, wuchsen aber zeitlebens nach.

Hatten diese Kolosse Feinde, abgesehen von den Aborigines, die sie jagten und auf Felszeichnungen festhielten? Ja, und was für welche: Als wichtigster Fressfeind des Riesenwombats gilt *Megalania*, ein sechs Meter langer Waran, der seine Beute vermutlich wie die Komodowarane heute mit einem bakterienverseuchten Giftbiss tötete.

WOLLHAARMAMMUT

Mammuthus primigenius

Jedes Kind kennt die zottligen Riesen. Abgesehen von wenigen Ausnahmen, allen voran den Dinosauriern, haben es unter den vorzeitlichen Tieren nur die Mammuts geschafft, in der Vorstellungswelt der Menschen lebendig zu bleiben – *size matters*, immerhin erreichten die größten Vertreter imposante 4,5 Meter Schulterhöhe, von ihren meterlangen Stoßzähnen ganz zu schweigen.

Mammuts sind eine Gattung der Elefanten, die vor etwa fünf bis sechs Millionen Jahren in Afrika entstand. Von dort besiedelten mehrere Arten auch Eurasien und Amerika. Schon Cuvier erkannte, dass sie näher mit dem Asiatischen als dem Afrikanischen Elefanten verwandt waren, was die Molekularbiologie jüngst bestätigen konnte. Zottelig und rotbraun war nur die letzte und bekannteste Art, das Wollhaarmammut, das die weitgehend baumlosen kalten Graslandschaften der Nordhalbkugel bewohnte. Die dort vorherrschende Mammutsteppe, eine Mischung aus Steppen- und Tundravegetation auf Permafrostboden, existiert heute nicht mehr und ist in ihrer Zusammensetzung auch schwer zu rekonstruieren, weil es kaum verholzte Pflanzen gab. Wollhaarmammuts starben vor etwa 10 000 Jahren aus. Auf der arktischen Wrangelinsel und den Pribilof-Inseln lebten isolierte Populationen aber bis in die Zeit des Pyramidenbaus. Sie wurden wahrscheinlich von Menschen ausgelöscht; ob das auch für die Tiere der Festländer gilt, ist umstritten.

Im Permafrostboden Sibiriens wurden etliche hervorragend erhaltene Mammutkadaver gefunden, sodass im Jahr 2008 die erste Genomsequenz eines ausgestorbenen Lebewesens präsentiert werden konnte. Sie ist zu 70 Prozent vollständig (siehe auch S. 100 f.).

SYNONYME
Wollmammut, Fellmammut

VERWANDTSCHAFT
Familie der Elefanten (Elephantidae)

VORKOMMEN
nördliches Eurasien und Nordamerika

AUSGESTORBEN
ca. 10 000 Jahre vor unserer Zeit, letzte Inselpopulationen vor 4000 bis 6000 Jahren

AUSSTERBEURSACHE
Klimaveränderung, Jagd?

ABBILDUNG
Autotypie, 1893

F. John.

HÖHLENBÄR

Ursus spelaeus

VERWANDTSCHAFT
Familie der Bären (Ursidae)

VORKOMMEN
Europa

AUSGESTORBEN
vor ca. 28 000 Jahren

AUSSTERBEURSACHE
Lebensraumzerstörung, Jagd?

ABBILDUNG
Chromolithografie, 1902

In Höhlen hielten sich die Bären jahrtausendelang nur im Winter auf, um zu schlafen, und nicht wenige starben dabei. Deshalb sammelten sich dort ihre Knochen an; in der Drachenhöhle in der österreichischen Steiermark etwa entdeckte man die Überreste von mehreren Tausend Individuen. Ansonsten trottete der Höhlenbär wohl wie seine heutigen Verwandten auf der Suche nach Nahrung durch die Gegend, um sich Reserven für die lange kalte Jahreszeit anzufressen. Elefanten, wie hier dargestellt, gehörten wohl eher nicht zu ihrem Beutespektrum, aber Höhlenbären waren gewaltige Burschen. Sie wogen eine Tonne und wurden bis zu 3,5 Meter lang und damit deutlich größer und schwerer als die heutigen Rekordhalter, die auf Inseln vor der Küste Alaskas lebenden Kodiakbären.

Mittlerweile wurden Höhlenbär-Fossilien aus ganz Europa auch genetisch untersucht. Dabei stellte sich heraus, dass der letzte Vorstoß der eiszeitlichen Gletscher wohl nicht für ihr Aussterben verantwortlich war, wie man lange Zeit gedacht hatte, denn in früheren Kältephasen hat ihre genetische Vielfalt kaum gelitten. Ihr Niedergang begann vielmehr schon vor 50 000 Jahren und beschleunigte sich dann vor etwa 40 000 Jahren, lange bevor die Abkühlung einsetzte. Es ist dies genau die Zeit, da der moderne Mensch sich in Europa ausbreitete. Er besaß Waffen, die so effektiv waren, dass er es mit den Bären aufnehmen konnte, und beanspruchte ihre Schlafhöhlen für sich.

Immerhin – ganz verschwunden ist *Ursus spelaeus* nicht. Ein Teil von ihm überlebte in Braunbären. Deren Genom besteht heute bis zu 2,4 Prozent aus Höhlenbär-DNA.

RIESENFAULTIER

Megatherium americanum

Heutige Faultiere leben auf Bäumen, sie sind aber nur der Rest einer einst viel artenreicheren Tiergruppe. Deren berühmtester Vertreter ist zweifellos Sid, Nervensäge und dauerquasselnder Star der *Ice-Age*-Filme. Wie er lebten die meisten dieser Faultiere auf dem Boden, darunter elefantengroße Riesen, die, ohne dafür klettern zu müssen, bis in die Baumkronen hinaufreichten.

Georges Cuvier blieb es vorbehalten, das erste aus Argentinien stammende Skelett eines Riesenfaultiers zu beschreiben. Stockte dem berühmten Anatom dabei der Atem? Das *Megatherium* war ein Säugetier und auf den Hinterbeinen stehend so groß, dass es einen T. rex überragt hätte: bis zu sechs Meter lang und sechs Tonnen schwer. Sein Gebiss, ausschließlich homodont, also mit gleichförmigen Zähnen, war das eines Pflanzenfressers. Trotzdem glauben einige Forscher, dass es unter Zuhilfenahme seiner imposanten Krallen auch Fleisch oder Aas gefressen hat.

Lange wurde der Klimawandel am Ende der Eiszeit für das Aussterben der Riesenfaultiere verantwortlich gemacht. Man hielt die trägen Säuger für wenig anpassungsfähig. Dabei hatten sie mehrere Klimawechsel überstanden, und einer riesenhaften Art gelang es sogar, die vor 2,8 Millionen Jahren neu entstandene Landbrücke zwischen den beiden Amerikas zu überqueren und bis hinauf nach New Jersey vorzudringen. Über eine andere Landbrücke, die heute versunkene Aves Ridge, wanderten Riesenfaultiere auch nach Puerto Rico, Hispaniola und Kuba ein. All das spricht nicht gerade für eine geringe Anpassungsfähigkeit. War es also doch der Mensch, der dem *Megatherium* und seiner Verwandtschaft den Garaus machte?

VERWANDTSCHAFT
Familie der Megatheriidae innerhalb der Ordnung der Zahnarmen (Pilosa), die Faultiere und Ameisenbären umfasst

VORKOMMEN
Süd-, Mittel- und südliches Nordamerika

AUSGESTORBEN
vor 11 000 bis 8 000 Jahren

AUSSTERBEURSACHE
Klimawandel, Jagd?

ABBILDUNG
Autotypie, 1893

KOALALEMUR

Megaladapis madagascariensis

Abgesehen von Australien weist kein Land der Erde eine so eigenständige Säugetierfauna auf wie das seit vielen Millionen Jahren isolierte Madagaskar. Praktisch alle der gut 100 einheimischen Arten sind endemisch, kommen also nur auf dieser viertgrößten Insel der Welt vor. Am bekanntesten sind die Lemuren, die man früher als »Halbaffen« bezeichnete.

Einige erreichten vormals beachtliche Größen. *Archaeoindris* hatte das Format eines Gorillas; der hier dargestellte *Megaladapis*, von dem es drei Arten in verschiedenen Regionen Madagaskars gab, wurde immerhin so groß und schwer wie ein menschlicher Teenager. Die Tiere ähnelten in Lebensweise und Fortbewegung den Koalas, waren spezialisierte Blattfresser, die auf Bäumen lebten, deren Stämme sie mit ihren langen, kräftigen Armen umklammerten. Auf dem Boden waren sie nur selten zu sehen. Eher plump, langsam und bedächtig, hatten sie mit dem hier gezeigten Vogelfreund wohl nur entfernte Ähnlichkeit.

Mit dem Koalalemuren starben in den letzten Jahrtausenden mehr als ein Dutzend weitere Lemurenarten aus – warum, ist weitgehend ungeklärt. Sie alle waren deutlich größer als ihre noch lebenden Verwandten und hinterließen Leerstellen im Ökosystem. Die Flora Madagaskars weist zahlreiche Arten mit großen Samen auf, die nun als »Waisen« gelten, weil die Affen fehlen, die ihre Samen verbreiteten. Dass diese Pflanzen überhaupt noch existieren, verdanken sie wohl der Tatsache, dass sie sehr alt werden. Ab und an sorgen Stürme für die Verteilung der Samen. Ob sie auf Dauer in einer Welt ohne große Lemuren überleben können, bleibt abzuwarten.

SYNONYM
Riesenlemur

VERWANDTSCHAFT
gehört innerhalb der Feuchtnasenaffen (Strepsirrhini) zu den Lemuren (Lemuriformes) und der ausgestorbenen Familie der Megaladapidae

VORKOMMEN
Madagaskar

AUSGESTORBEN
ca. 1500

AUSSTERBEURSACHE
Lebensraumzerstörung, Klimawandel, Jagd?

ABBILDUNG
Chromolithografie, 1902

GEORGES CUVIER UND SEINE KATASTROPHENTHEORIE

Heute ist das »A-Wort« in aller Munde, doch die Tatsache, dass Lebewesen aussterben können, musste erst entdeckt und diese Erkenntnis gegen große Widerstände durchgesetzt werden. Bis in die erste Hälfte des 19. Jahrhunderts herrschte eine von der christlichen Kirche geprägte Sicht auf die Welt vor, in der das Aussterben von Tier- und Pflanzenarten keinen Platz hatte. Denn alles, was in dieser Welt lebte – vom Pantoffeltierchen bis zum Blauwal, vom Gänseblümchen bis zum Mammutbaum –, war Gottes Werk, und jedes einzelne seiner Geschöpfe war perfekt, das Ganze in wunderbarer Harmonie aufeinander abgestimmt. Deshalb war es undenkbar, dass seine Geschöpfe aussterben könnten. Die Welt, das stand aus Sicht der Kirche außer Frage, sah noch genauso aus, wie Er sie geschaffen hatte.

Dass Bewegung in dieses statische Bild kam, war vor allem dem berühmten französischen Anatom Georges Cuvier (1769–1832) zu verdanken. Im damals württembergischen Mömpelgard geboren, studierte er an der Hohen Karlsschule in Stuttgart. Schon früh galt sein Interesse naturkundlichen Studien. Als Professor am Muséum national d'histoire naturelle in Paris trug er später eine der bedeutendsten anatomischen Sammlungen Europas zusammen und wurde zum Begründer der wissenschaftlichen Paläontologie.

Für seine heutigen Kollegen wäre es undenkbar, doch damals konnte es ein vergleichender Anatom vom Schlage Cuviers zu Weltruhm bringen. Sein in unserem Zusammenhang wichtigster Beitrag entstand gewissermaßen vor der Haustür, im sogenannten Pariser Becken, dessen geologische Schichtfolge er mit dem Naturforscher Alexandre Brongniart über 25 Jahre hinweg gewissenhaft untersuchte. Es handelt sich um ein schon vor vielen Millionen Jahren abgesunkenes Gebiet, das fast den gesamten Norden Frankreichs, aber auch Teile Belgiens und Südenglands umfasst und in dem sich kilometerdicke Sedimentschichten abgelagert haben. Cuvier erkannte, dass das Becken immer wieder vom Meer überspült wurde, denn in der Folge der Schichten fanden sich solche mit Überresten von seltsamen Landtieren im Wechsel mit marinen Ablagerungen. Die Fossilien der diversen Schichten unterschieden sich deutlich. Nach jedem Meeresvorstoß hatte dort also eine veränderte Tierwelt mit neuen Eigenschaften gelebt, die älteren Arten waren verschwunden – ausgestorben. Das Gleiche galt auch für die schockierend riesigen Vorzeitwesen, deren Knochen man in England ausgegraben hatte. Offenbar hatte es eine Zeit gegeben, in der zu Lande und zu Wasser gewaltige Reptilien die Erde beherrschten. Auch sie waren vom Antlitz des Planeten verschwunden.

Einen Wandel der Arten lehnte Cuvier ab, er ging allerdings auch nicht davon aus, dass Gott jeder Überschwemmung eine neue Schöpfung folgen ließ. Vielmehr nahm er an, dass einige Arten in abgelegenen Gebieten überlebt und das Becken dann nach dem Abfließen des Wassers neu besiedelt hatten.

Cuvier entwickelte daraus seine berühmte Katastrophen- oder Kataklysmentheorie, die bald viele Anhänger fand. Danach war es im Laufe der Erdgeschichte immer wieder zu verheerenden Katastrophen gekommen, die viele der damals lebenden Tiere ausrotteten, nicht nur im Pariser Becken. Seine Theorie bildete damit den Gegenpol zu den Ansichten des Schotten Charles Lyell, eines Freundes Darwins, der von einer kontinuierlichen Veränderung der Arten ausging. Seine gläubigen Kollegen brachte der Franzose in große Verlegenheit, denn wie sollten sie nun erklären, dass Gott die Vernichtung seiner Schöpfung mehrfach zugelassen hatte? Hieß das etwa, dass sie keineswegs perfekt, sondern fehlerhaft war? Sie versuchten zu beweisen, dass die letzte von Cuviers Katastrophen identisch mit der in der Bibel erwähnten Sintflut war.

Cuviers Theorie geriet später gegenüber der von Charles Darwin propagierten kontinuierlichen Veränderung in kleinen Schritten ins Hintertreffen. Heute ist jedoch in Fachkreisen unumstritten, dass globale Katastrophen maßgeblichen Einfluss auf die Entwicklungsgeschichte der Lebewesen gehabt haben.

AUEROCHSE

Bos primigenius

SYNONYM
Ur

VERWANDTSCHAFT
Gattung der Eigentlichen Rinder (*Bos*) innerhalb der Familie der Hornträger (Bovidae)

VORKOMMEN
Europa, Asien

AUSGESTORBEN
ca. 1627, im Wald von Jaktorów in Polen

AUSSTERBEURSACHE
Lebensraumzerstörung, Jagd

ABBILDUNG
Kupferstich, handkoloriert, 1846

Auch Europa hatte seine Wildrinder. Während der Wisent (*Bos bonasus*) mit nur zwölf in Zoos und Gehegen gehaltenen Tieren gerade noch vor dem Aussterben bewahrt werden konnte, ist der etwa gleich große, einst in vielen geografischen Varianten weitverbreitete Auerochse schon vor 400 Jahren ausgerottet worden. Er gilt aber als Stammform des Hausrinds, in den domestizierten Hornträgern lebt er gewissermaßen weiter. Vor allem durch die nach vorn ragenden Hörner (hier falsch dargestellt) und die schwarze Fellfarbe der Bullen ähnelt er in modernen Rekonstruktionen dem spanischen Kampfstier.

Je weiter sich der Mensch in Europa ausbreitete, desto mehr zogen sich die wilden Ure zurück, um der Konkurrenz durch das Vieh und der Jagd zu entgehen. Cäsar erzählt in *De bello Gallico* noch von den fast elefantengroßen Auerochsen in den Mittelgebirgen, einem Jagdwild der Germanen, doch für den Ur ging es bergab. In Bayern wurde der letzte schon 1470 erlegt; am längsten hielten sich die Tiere in Polen, wo die einzige übrig gebliebene Herde gegen Ende des 16. Jahrhunderts unter Schutz gestellt wurde. Doch ihr Lebensraum schrumpfte zusammen. Nahrungsmangel, Wilderei und gestresste Bullen, die sich im Kampf gegenseitig töteten, sorgten dafür, dass ihre Zahl weiter zurückging. 1620 lebte nur noch eine Kuh.

Mehrere Projekte beschäftigen sich seit Jahren damit, durch sogenannte Abbildzüchtungen eine dem Auerochsen ähnliche Rinderrasse hervorzubringen. Auerochsen waren schlanker und agiler als heutige Hausrinder, hatten einen kürzeren Rumpf, längere Beine und eine längere Schnauze.

BLAUBOCK

Hippotragus leucophaeus

VERWANDTSCHAFT
Gattung der Rossantilopen (*Hippotragus*) innerhalb der Familie der Hornträger (Bovidae)

VORKOMMEN
südwestliches Südafrika

AUSGESTORBEN
ca. 1800

AUSSTERBEURSACHE
Klimawandel, Jagd

ABBILDUNG
Kupferstich, handkoloriert, 1846

Nur Teile von 16 Individuen des wegen seines blaugrauen Fells sogenannten Blaubocks sind der Welt nach seinem Aussterben im Jahr 1800 geblieben, verteilt auf elf Museen in Europa und Südafrika. So dachte man jedenfalls. Bis sich jüngst eine internationale Forschergruppe daranmachte, diese vermeintlichen Blaubockhäute, -geweihe und -schädelfragmente genetisch genauer unter die Lupe zu nehmen. Das Ergebnis war ein Schock: Lediglich vier von zehn untersuchten Überresten stammen tatsächlich von Blauböcken, die anderen sechs von den heute noch lebenden Pferde- und Rappenantilopen. Diese drei Arten werden wegen ihrer Nackenmähnen zu den Rossantilopen zusammengefasst. Der Blaubock, die erste und einzige Großsäugetierart Afrikas, die in historischen Zeiten ausstarb, ist in Museen also nur unzureichend repräsentiert. Nicht einmal ein einziger vollständiger Schädel ist erhalten geblieben.

Die europäischen Siedler, die die Tiere auf Vergnügungsjagden ausrotteten, hatten offenbar anderes im Sinn, als Museumsstücke zu sammeln. Allerdings fanden sie bei ihrer Ankunft nur noch klägliche Restbestände der einst in vielen Küstenebenen Südafrikas verbreiteten Blauböcke vor, schätzungsweise 370 Tiere in einer einzigen Population. In den Kältephasen der Eiszeit hatten diese Ebenen trocken gelegen und nicht nur den Blauböcken reichlich Nahrung geboten. Doch in den Warmphasen wurden sie überflutet, die Blauböcke in suboptimale Gebiete abgedrängt und in kleine Teilpopulationen zersprengt. Die Konkurrenz durch Weidevieh und intensive Bejagung dezimierten die Bestände weiter, bis der immer dünner werdende Faden, an dem ihr Überleben hing, endgültig riss.

QUAGGA

Equus quagga quagga

VERWANDTSCHAFT
gehört innerhalb der Unpaarhufer (Perissodactyla) zur Familie der Pferde (Equidae)

VORKOMMEN
Südafrika

AUSGESTORBEN
im Freiland in den 1870er-Jahren

ENDLING
namenlos,
starb am 12.08.1883 im Artis-Zoo, Amsterdam

AUSSTERBEURSACHE
Jagd

ABBILDUNG
Kupferstich, handkoloriert, 1846

Das afrikanische Quagga, das nur wenige Jahrzehnte nach dem Blaubock (S. 32) ausstarb, wird heute nach vielen Debatten als eine Unterart des Steppenzebras (*Equus quagga*) angesehen, die vor allem südlich des Flusses Oranje vorkam. Seine Streifenzeichnung war am Bauch und an der hinteren Körperhälfte stark reduziert, die Beine hell. Noch im 16. und 17. Jahrhundert soll es große Quagga-Herden gegeben haben, Tiere, die als »wunderschön und herrlich« beschrieben wurden. Sie galten aber wie die Blauböcke als Konkurrenten von Ziegen und Schafen, lieferten den Siedlern Fleisch und Felle und wurden später auch zu Tausenden zum bloßen Vergnügen gejagt – bis zu ihrem Ende.

Wozu die Streifen der Zebras dienen, ist umstritten, deshalb wurden auch intensive Diskussionen über die Frage geführt, warum die Quaggas im Gegensatz zu anderen Zebraarten ihr Muster verloren. Jüngere Untersuchungen deuten darauf hin, dass die Streifen weniger als Tarnung dienen, sondern eine entscheidende Rolle für die Abwehr parasitischer Fliegen spielen, insbesondere der Tsetsefliege, die die Tierseuche Nagana (und auf Menschen die Schlafkrankheit) überträgt. In Südafrika, dem früheren Lebensraum des Quaggas, kommt sie nicht vor, ein die Insekten abschreckender Effekt der Streifen wäre hier also tatsächlich überflüssig gewesen.

Das Quagga-Projekt versucht, aus südlichen Steppenzebras mit reduziertem Fellmuster ein dem Quagga ähnliches Lebewesen zu züchten und dann auszuwildern. Die Tiere sind allerdings nur eine Abbildzüchtung, eine Art Imitation des Originals, denn die genauen genetischen Merkmale des Quaggas sind unwiederbringlich verloren.

TARPAN

Equus ferus

Darüber, dass es in Europa einmal Wildpferde gab, sind sich alle Fachleute einig. Aber was waren das für Tiere, existierte nur eine Art oder waren es mehrere? Aus biologischer Sicht präsentierte sich die eurasische Pferdewelt als schwer zu entwirrendes Durcheinander. Da war zunächst das Hauspferd, in domestizierter und verwilderter Form. Dazu kamen das bekannte Przewalski-Pferd und der hier abgebildete Tarpan, ein mittelgroßes Pferd mit spitzen Ohren, zumeist grauer Fellfarbe und lockiger Mähne. Beide galten als Wildpferde; neuere genetische Untersuchungen legen allerdings nahe, dass die Przewalski-Pferde Nachkommen von Tieren sind, die schon vor mehr als 5000 Jahren domestiziert wurden und dann wieder verwilderten. Alle diese Pferde zeugten miteinander fruchtbare Nachkommen.

Vom Tarpan – es soll eine Steppen- und eine Waldform gegeben haben – existieren bis heute keine genetischen Daten, weil so gut wie nichts von ihm übrig geblieben ist. Nicht einmal die Herkunft des Namens ist geklärt. Doch dass er tatsächlich einmal auf eurasischem Boden lebte, davon zeugen etliche Berichte von Forschungsreisenden aus dem 18. Jahrhundert, etwa von Samuel Gottlieb Gmelin und Peter Simon Pallas, die beide das östliche Europa bereisten und schließlich zu Mitgliedern der Russischen Akademie der Wissenschaften wurden.

Tarpane, die in kleinen, von einem Hengst angeführten Herden lebten, wurden seit Langem gejagt. Später gerieten sie in Konflikt mit den Menschen, weil sie sich über deren Heuballen hermachten und immer wieder Hauspferdstuten entführten. Das mussten sie teuer bezahlen.

VERWANDTSCHAFT
Familie der Pferde (Equidae) innerhalb der Unpaarhufer (Perissodactyla)

VORKOMMEN
Eurasien

AUSGESTORBEN
im Freiland ca. 1880

AUSSTERBEURSACHE
Lebensraumzerstörung, Jagd

ABBILDUNG
Kupferstich, teilweise handkoloriert, 1843

Col. H. Smith del.
Lizars sc.

FALKLANDFUCHS

Dusicyon australis

Es war kein Geringerer als Charles Darwin, der den Falklandfuchs 1833 auf seiner Reise mit der *Beagle* entdeckte. Erstaunlicherweise war das Tier die einzige auf den Malwinen heimische Säugetierart und doppelt so groß wie ein Rotfuchs. Die Tiere seien häufig gewesen, berichtete der große Naturforscher. Dank der vielen Seevögel, die auf den Inseln nisteten, lebten die Füchse dort wie Gott in Frankreich; nur wie sie die eisigen Winter überstanden, blieb ein Rätsel.

Darwin schwante schon damals nichts Gutes. Die Falklandfüchse zeigten sich Menschen gegenüber so naiv, dass man sie mit einem Stock erschlagen konnte, und er befürchtete, sie könnten bald aussterben wie der Dodo (S. 68). Er sollte recht behalten. 42 Jahre dauerte es, bis schafzüchtende Siedler sich den lästigen Konkurrenten für immer vom Hals geschafft hatten.

Bleibt die Frage, wie die Füchse überhaupt auf die Inseln gelangten. Bis zum Festland sind 400 Kilometer Ozean zu überwinden, und Mähnenwölfe, die als nächste Verwandte der Füchse galten, gibt es nur viel weiter nördlich. Dann erinnerten sich Forscher des vor 3000 Jahren ausgestorbenen Burmeister-Fuchses, der auf Feuerland und auf dem Kontinent gelebt hatte. Volltreffer: Von ihm, ergaben genetische Analysen, hatten sich die Falklandfüchse erst vor 16000 Jahren getrennt, also während der letzten Kaltzeit. Wegen des niedrigen Meeresspiegels ragten damals zwischen den Falklandinseln und dem Festland große Felsplateaus aus dem Wasser, unterbrochen von relativ schmalen Kanälen, die im Winter zufroren. Die Füchse waren wohl einfach zu Fuß gekommen. Später konnten sie nicht mehr zurück.

SYNONYME
Falklandwolf, Warrah

VERWANDTSCHAFT
Familie der Hunde (Canidae) innerhalb der Raubtiere (Carnivora)

VORKOMMEN
Falklandinseln

AUSGESTORBEN
1876

AUSSTERBEURSACHE
Lebensraumzerstörung, Jagd

ABBILDUNG
Lithografie, handkoloriert, 1890

FLORIDA-ROTWOLF

Canis rufus floridanus

SYNONYME
Östlicher Rotwolf, Floridawolf

VERWANDTSCHAFT
Familie der Hunde (Canidae) innerhalb der Raubtiere (Carnivora)

VORKOMMEN
Florida und angrenzende US-Bundesstaaten

AUSGESTORBEN
ca. 1917

AUSSTERBEURSACHE
Jagd

ABBILDUNG
Lithografie, handkoloriert, 1845

Der Rotwolf (*Canis rufus*) ist nah mit dem Grauwolf (*Canis lupus*) verwandt. Er ist aber deutlich zierlicher gebaut und ernährt sich von kleineren Beutetieren. Nachdem die hier dargestellte vollkommen schwarze Unterart aus Florida und angrenzenden Bundesstaaten schon Anfang des 20. Jahrhunderts ausgerottet wurde, steht heute auch das Überleben des Rotwolfs insgesamt auf des Messers Schneide. Die Weltnaturschutzunion IUCN stufte die Art 2018 als »vom Aussterben bedroht« ein und gab die Zahl lebender Tiere mit 20 bis 30 an. Heute, drei Jahre später, leben wohl nur noch zehn. »Es ist surreal«, sagte eine Tierschützerin. »Und es bricht einem das Herz.«

Früher waren Rotwölfe im Südosten der USA weitverbreitet, doch jahrelange intensive Bejagung führte 1980 fast zu ihrem Aussterben. Schon 1973 hatte der United States Fish and Wildlife Service aber ein erfolgreiches Zuchtprogramm gestartet und einige Dutzend Tiere einfangen lassen. Dass es in den letzten Jahren wieder Rotwölfe im Freiland gab, ist der Auswilderung von deren Nachkommen im Nordosten von North Carolina zu verdanken. Zwischenzeitlich lebten dort 130 Rotwölfe, ihre Zahl ging aber bald wieder stark zurück. Schließlich wurden weitere Auswilderungen gestoppt, weil man die Tiere für Hybride hielt. Erst nach einem jüngst ergangenen Gerichtsbeschluss wurde das Schutzprogramm wieder aufgenommen.

Schon früher gab es Stimmen, die Rotwölfe nicht für eine eigene Art hielten. Tatsächlich ergaben genetische Untersuchungen, dass das Rotwolfgenom zu 75 Prozent vom Kojoten und zu 25 Prozent vom Grauwolf stammt. Auch das Erbgut der Grauwölfe enthält Kojoten-Anteile und umgekehrt.

TAIWANISCHER NEBELPARDER

Neofelis nebulosa brachyura

»Er lebt!« Die Nachricht verbreitete sich in der taiwanischen Presse wie ein Lauffeuer. Zwei Rangerteams des Dorfes Alangyi hätten 2018 die Wildnis im Südosten der Insel durchkämmt und seien dabei auf Nebelparder gestoßen. Ein Tier sei auf einen Baum geflüchtet, ein anderes habe Ziegen gejagt. Wenn das stimmte, wäre es eine Sensation.

Seit den 1980er-Jahren ist keins dieser Raubtiere auf Taiwan gesehen worden, und die Berichte aus der Zeit davor stützten sich ausschließlich auf Interviews. Die Fachwelt war sich sicher: Wenn es dort überhaupt noch Nebelparder gab, dann waren es nur wenige in abgelegenen Gebieten.

Um zu einer zuverlässigeren Einschätzung zu kommen, versuchten US-amerikanische und taiwanische Forscher mit großem Aufwand, die bevorzugt in dichten Wäldern lebenden und schwer aufzuspürenden Tiere per Kamera einzufangen. Über einen Zeitraum von 15 Jahren wurden an aussichtsreichen Standorten mehr als 1200 Kamerafallen angebracht, um ein Foto eines umherstreunenden Nebelparders zu erhalten, doch 113 636 Kamerafallentage vergingen ohne ein einziges Lebenszeichen der schönen Katze. 2013 wurde sie schließlich für ausgestorben erklärt. Deshalb nehmen Fachleute die neuen Meldungen ernst – wer wünschte sich nicht, die Tiere hätten irgendwo überlebt? –, fordern aber weitergehende Nachforschungen.

Eigentlich ist der Nebelparder in Südostasien weit verbreitet, aber sein schönes, sehr begehrtes Fell und die Abholzung der Wälder lassen für die Zukunft der Raubkatze auch außerhalb von Taiwan nichts Gutes erwarten. Die Bestände gehen zurück, die Art gilt als *vulnerable* (»gefährdet«).

VERWANDTSCHAFT
Unterfamilie der Großkatzen (Pantherinae) innerhalb der Raubtiere (Carnivora)

VORKOMMEN
Taiwan

AUSGESTORBEN
letzte Sichtung 1983

AUSSTERBEURSACHE
Jagd, Entwaldung

ABBILDUNG
Lithografie, handkoloriert, 1862

BENGALISCHES JAVA-NASHORN

Rhinoceros sondaicus inermis

VERWANDTSCHAFT
Familie der Nashörner (Rhinocerotidae) innerhalb der Unpaarhufer (Perissodactyla)

VORKOMMEN
Nordost-Indien, Bangladesch, Myanmar

AUSGESTORBEN
Anfang des 20. Jahrhunderts

AUSSTERBEURSACHE
Lebensraumzerstörung, Jagd

ABBILDUNG
Kupferstich, handkoloriert, 1846

Früher bewohnte das Java-Nashorn, ein scheues Waldtier und naher Verwandter des Panzernashorns, weite Teile Ostasiens. Es gab drei Unterarten. Die abgebildete Form, die im Nordosten Indiens, in Myanmar und Bangladesch lebte, wurde Anfang des 20. Jahrhunderts ausgerottet. Auch die vietnamesische Unterart hielt man nach dem Krieg mit den Amerikanern für ausgestorben. Doch 1988 wurde eine kleine überlebende Population entdeckt, deren letztes Exemplar 2010 tot aufgefunden wurde. Wilderer hatten es in den Fuß geschossen und sein Horn abgetrennt. Vom Java-Nashorn gibt nur noch 40 bis 60 Tiere im Ujung-Kulon-Nationalpark auf der indonesischen Insel Java. Ihre Zahl blieb in den letzten Jahrzehnten relativ konstant, der Schutzaufwand ist groß, doch ob eine so kleine Population auf Dauer überleben kann, ist fraglich.

Wegen der angeblich heilsamen und potenzfördernden Wirkung ihrer aus Keratin bestehenden Hörner, für die auf dem ostasiatischen Markt Kilopreise von bis zu 5000 Dollar gezahlt werden, sind alle fünf lebenden Nashornarten bedroht, obwohl sich die Bestände in Afrika etwas erholt haben. Sudan, der letzte Bulle des Nördlichen Breitmaulnashorns, musste 2018 leider eingeschläfert werden. Nun gibt es von dieser Unterart nur noch Sudans Tochter und Enkelin.

Das Schicksal eines der größten Landsäugetiere der Welt wird sich wohl im Kampf gegen die Wilderei entscheiden. Um sie zu schützen, hat man die Ranger aufgerüstet, den Tieren die Hörner entfernt, sie mit Farbstoffen gefärbt oder für die Nashörner unschädliche Präparate injiziert, die ihr Horn für den menschlichen Verzehr ungeeignet machen.

DIE OVERKILL-HYPOTHESE

Noch bis vor wenigen Zehntausend Jahren lebte auf allen Kontinenten eine spektakuläre Großtierfauna. Australien hatte Riesenwombats, drei Meter große Kängurus und Donnervögel sowie mächtige Raubtiere wie den Beutellöwen und den furchterregenden Riesenwaran *Megalania*. Auf Madagaskar lebten Riesenlemuren und 700 Kilogramm schwere Laufvögel, in Neuseeland die Moas. In Südamerika gab es Riesenfaultiere und -gürteltiere, in Nordamerika Mastodonten und Kamele, in Europa Wollhaarmammuts, Nashörner und Höhlenbären, um nur einige bekannte Arten zu nennen. Doch in all diesen Teilen der Welt ist die Megafauna während der Eiszeit und spätestens mit ihrem Ende ausgestorben. Keine einzige Art mit mehr als 1000 Kilogramm Körpergewicht schaffte es bis in die Neuzeit; von denen, die zwischen 100 und 1000 Kilogramm wogen, überlebte nur jede fünfte. Von wenigen Ausnahmen abgesehen retteten sich meist nur die Leichtgewichte in die Gegenwart.

Im südlichen Asien und vor allem in Afrika haben dagegen große und sehr große Säugetiere überlebt, obwohl auch hier viele Arten ausstarben. Die gängige Erklärung lautet: Die Tiere hatten genügend Zeit, um sich an ihren schlimmsten Feind zu gewöhnen, an den Homo sapiens. Sie konnten ein der Herausforderung angemessenes Fluchtverhalten entwickeln, während die Megafauna der anderen Kontinente, naiv und arglos, mehr oder weniger rasch ihrem Untergang entgegensah, sobald die findigen Zweibeiner auftauchten.

Tatsächlich fällt es schwer, an einen Zufall zu glauben, wenn man sieht, wie eng, zu unterschiedlichen Zeiten, der Zusammenbruch der jeweiligen Großtierfaunen mit dem Vordringen des Homo sapiens korrelierte, auch wenn direkte Beweise für seinen Einfluss oft fehlen. In Australien verschwand die Megafauna vor 40 000 bis 50 000 Jahren, was sich sehr gut mit dem Eintreffen der ersten Menschen deckt. Auf Tasmanien, das erst später besiedelt wurde, hielten sich viele große Tierarten länger. In Eurasien begann das Sterben der Großtierfauna etwa zur selben Zeit wie in Australien, erreichte seinen Höhepunkt aber erst nach der letzten Kälteperiode vor 12 000 Jahren. In Nord- und Südamerika dagegen erfolgte der Zusammenbruch innerhalb einer erdgeschichtlichen Sekunde zwischen

11400 und 10800 Jahren vor unserer Zeit. Nach dem Eintreffen der ersten Menschen dauerte es nur 400 Jahre, bis die meisten Großtierarten Nordamerikas ausgestorben waren.

Dass Menschen das Aussterben vieler Inselfaunen verursacht haben, ist unbestritten. Nicht nur die Moas Neuseelands, auch die Elefantenvögel und zahlreiche Säugetierarten Madagaskars sind wohl von Menschen ausgerottet worden. Aber gehörten wirklich auch die Megafaunen der großen Kontinente zu ihren Opfern?

Obwohl sich diese in den 1960er-Jahren von dem Paläontologen Paul S. Martin aufgestellte Overkill-Hypothese nach langen und hitzigen Debatten in Fachkreisen durchzusetzen scheint, ist sie keineswegs unumstritten. Abgesehen von eher exotisch anmutenden Theorien, die gewaltige Sonnenprotuberanzen oder Meteoriteneinschläge als Erklärungen heranziehen, kommen die wichtigsten Gegenargumente aus der Paläoklimatologie, denn es besteht kein Zweifel, dass das Eiszeitalter mehrfach erhebliche Schwankungen des Klimas mit sich brachte, was nicht ohne Auswirkungen auf die Ökosysteme der Erde blieb. Möglicherweise waren die Großtierpopulationen durch klimatische Veränderungen bereits geschwächt und dezimiert, als der Mensch die Tiere zu jagen begann. Auch wenn ihre Waffen noch primitiv waren, konnten die Menschen damit fast jede Tierart töten. Gerade bei großen Tieren, die ohne Scheu waren und sich nur langsam reproduzierten, könnte dies zum Zusammenbruch der Bestände geführt haben.

Für die Overkill-Hypothese spricht auch, dass Australien in der fraglichen Zeit keinen Klimawandel erfahren hat und die Kälteperioden der Eiszeit nicht nur einmal, sondern mehrfach für heftige klimatische Turbulenzen sorgten, die jedoch kein Massensterben zur Folge hatten. Warum sollte ausgerechnet die letzte für so viele Großtierarten tödlich gewesen sein?

BEUTELWOLF

Thylacinus cynocephalus

Ein faszinierender Aspekt des australischen Sonderwegs liegt darin, dass innerhalb der Unterklasse der Beuteltiere ganz ähnliche Lebensformtypen entstanden wie bei den plazentalen Säugetieren. So sah der Beutelwolf aus wie ein Hund und war doch mit den echten Hundeartigen nur sehr entfernt verwandt, ein Paradebeispiel für Konvergenz oder Parallelevolution. Der »Beuteltiger«, wie er wegen seiner Streifenzeichnung auch genannt wurde, war nach dem Aussterben der Megafauna lange Zeit das größte Raubtier in Australien, bei Ankunft der ersten europäischen Siedler auf dem Festland aber schon so gut wie ausgestorben. Man weiß, dass die Aborigines die Tiere jagten und aßen; entscheidend für ihren Niedergang waren aber wohl der Rückgang ihrer Beutetiere und vor allem die Ausbreitung potenter Konkurrenten, der Dingos. Sie sind die verwilderten Nachkommen von Hunden, die ostasiatische Einwanderer schon vor etwa 5000 Jahren ins Land gebracht hatten.

Auf Australiens Nachbarinsel Tasmanien gab es keine Dingos. Dort überlebte der Beutelwolf bis ins 20. Jahrhundert, wurde aber als angeblicher Schafkiller erbittert verfolgt, bis die Tiere auch dort selten wurden und zunehmend unter Inzucht litten. Bald gab es Beutelwölfe ausschließlich in einigen Zoos. Bis am Ende nur noch Benjamin übrig blieb, einer der berühmtesten Endlinge, mit dem gleichzeitig eine ganze Beuteltierfamilie ausstarb.

Aus Tasmanien sind bis heute immer wieder Berichte von angeblichen Beutelwolf-Sichtungen zu hören; die Australierin Julia Leigh hat mit *Der Jäger* sogar einen spannenden Roman darüber geschrieben.

SYNONYME
Beuteltiger, Beutelhund, Zebrahund, Tasmanischer Wolf, Tasmanischer Tiger

VERWANDTSCHAFT
letzter Vertreter der Familie der Beutelwölfe (Thylacinidae)

VORKOMMEN
Australien

AUSGESTORBEN
im Freiland ca. 1930

ENDLING
Benjamin, verstarb 1936 im Zoo von Hobart, Tasmanien

AUSSTERBEURSACHE
Jagd, invasive Arten

ABBILDUNG
Lithografie, handkoloriert, 1863

MONDNAGELKÄNGURU

Onychogalea lunata

SYNONYME
Worong, Wurrung

VERWANDTSCHAFT
Gattung der Nagelkängurus (*Onychogalea*) innerhalb der Familie der Kängurus (Macropodidae)

VORKOMMEN
Australien

AUSGESTORBEN
in den 1950er-, möglicherweise auch 1960er-Jahren

AUSSTERBEURSACHE
Jagd, invasive Arten, Lebensraumzerstörung

ABBILDUNG
Lithografie, handkoloriert, 1863

Der Name dieses nur gut drei Kilogramm wiegenden kleinen Kängurus geht auf einen Sporn am Schwanzende und einen halbmondförmigen weißen Fleck an der Schulter zurück. Er stammt von John Gould, der die Art 1840 in London vorstellte und ein Jahr später in einer Veröffentlichung beschrieb. Die hier gezeigte Abbildung aus seinen *Mammals of Australia* stammt allerdings von dem Illustrator Henry Constantine Richter, dessen großer Beitrag zu Goulds Werk lange in Vergessenheit geraten war.

Mondnagelkängurus wurden auch »Kängurukaninchen« genannt, weil sie sich niederkauerten und bei Störung davonflitzten wie ihre europäischen Namensgeber. Andere Zeitgenossen verglichen sie wegen der langen Ohren und des dichten Fells mit Hasen.

Sie seien eine »bevorzugte Speise der Aborigines« gewesen, heißt es. Mit Feuer und Rauch trieben diese die Tiere aus ihren Verstecken. »*Very good eating*«, fanden auch die Europäer; das Fleisch sei »weiß, ein bisschen wie Hühnchen, im Geschmack eher wie Kaninchen«. Weniger als über die Qualität ihres Fleisches weiß man über ihre Lebensweise. Sie seien Einzelgänger gewesen und »immer in Eile«, wird berichtet; »als trügen sie etwas Spezielles«, hätten sie beim Rennen eine Pfote nach vorn gestreckt. Ihr bevorzugter Lebensraum war die dichte Buschvegetation.

Die Menschen machten daraus jedoch Weideland, und auch die fatalerweise aus Europa mitgebrachten Katzen und Rotfüchse fanden Geschmack am Fleisch der Mondnagelkängurus, die sich immer mehr ins wüstenhafte Innere des Kontinents zurückzogen. Dort wurden in den 1950er-Jahren die letzten Tiere gesehen.

ÖSTLICHES HASENKÄNGURU

Lagorchestes leporides

Die kleinen Kängurus der Gattung *Lagorchestes* tragen ihre Ähnlichkeit zum Hasen schon im Namen. Das Östliche Hasenkänguru bevölkerte die Grasländer im Südosten Australiens, und wie seine Leidensgenossen, das Mondnagel- und das Breitkopfkänguru (S. 50 und 58), wurde es erstmals von John Gould beschrieben.

Er berichtet von einem Erlebnis mit diesen Tieren, das ein Schlaglicht auf deren läuferische Fähigkeiten wirft. Nachdem zwei Hunde ein Hasenkänguru über mehrere Hundert Meter verfolgt hatten, schlug es plötzlich einen Haken und lief direkt auf John Gould zu, »die Hunde dicht auf den Fersen. Ich stand absolut still, bis das Tier bis auf sechs Meter herangekommen war und mich bemerkte, und zu meinem Erstaunen wich es nicht nach rechts oder links aus, sondern sprang direkt über meinen Kopf« – immerhin zwei Meter hoch und mehrere weit. Als es wieder auf dem Boden landete, erwischte es Goulds Schuss.

Die Östlichen Hasenkängurus waren nachtaktive Einzelgänger, womit schon fast alles gesagt wäre, was wir heute über diese kleinen Beuteltiere wissen. Auch über die Gründe ihres Aussterbens kann man nur spekulieren, denn sie verschwanden, bevor in ihrem Lebensraum intensive Landwirtschaft betrieben wurde. Auch Rotfüchse, die 1871 ins Land gelangten, waren noch nicht so weit verbreitet, dass sie das Aussterben des Hasenkängurus erklären könnten. Ein Grund könnte die Trittbelastung durch Weidevieh gewesen sein, die den Charakter des Graslands veränderte. Das gilt auch für das Ausbleiben der kontrollierten Winterfeuer durch die Aborigines. Streunende Katzen dezimierten die Tiere ebenfalls.

VERWANDTSCHAFT
Gattung der Hasenkängurus (*Lagorchestes*) innerhalb der Familie der Kängurus (Macropodidae)

VORKOMMEN
südöstliches Australien

AUSGESTORBEN
ca. 1890

AUSSTERBEURSACHE
invasive Arten (Katzen), Lebensraumzerstörung, Krankheit?

ABBILDUNG
Lithografie, handkoloriert, 1863

STÜTZBEUTLER

Chaeropus ecaudatus

VERWANDTSCHAFT
Familie der Chaeropodidae innerhalb der Nasenbeutler (Peramelemorphia)

VORKOMMEN
Australien

AUSGESTORBEN
zwischen 1920 und 1930

AUSSTERBEURSACHE
invasive Arten (Füchse, Katzen), Lebensraumzerstörung

ABBILDUNG
Lithografie, handkoloriert, 1863

Unser Biologielehrer führte seinerzeit die ganze Klasse an der Nase herum, indem er uns ein Buch über seltsame Tiere namens »Rhinogradentia« vorstellte. Angeblich wurden diese Tiere, die sich allesamt durch die absonderlichsten Ausbildungen ihrer Riechorgane auszeichneten, auf einer abgelegenen und mittlerweile zerstörten Insel entdeckt.

Vielleicht hatten dem Erfinder dieser fiktiven Säugetiere Gestalten wie die Stützbeutler als Vorbild gedient. Viel weiß man über diese possierlich anmutenden Tierchen mit dem Nasenrüssel nicht, da sie in den meisten Gebieten ausstarben, bevor Biologen sich überhaupt für sie zu interessieren begannen. Stützbeutler, englisch *bandicoots*, lebten in den ariden Gebieten Australiens, verbargen sich tagsüber in Grasnestern oder – in den Wüsten – in flach unter der Oberfläche angelegten Erdbauten und gingen nachts auf Nahrungssuche. Vermutlich fraßen sie Gräser und Wurzeln und allerlei Kleingetier wie Ameisen und Termiten. Nach Auskunft von Aborigines, die sich noch an sie erinnern konnten, hopsten sie nicht, sondern rannten oder huschten und waren zu schnell, um gefangen zu werden. Dabei berührte von den Hinterläufen nur der stark entwickelte Mittelzeh den Boden. Wenn sie von Hunden gejagt wurden, versteckten sie sich in hohlen Baumstümpfen.

Ihren vierbeinigen Häschern entkamen sie trotzdem nicht. Die Rhinogradentia wurden angeblich durch eine Atombombenexplosion ausgerottet. Die meisten Stützbeutler hingegen landeten in den Mägen von Hauskatzen und Füchsen, die man zur Kaninchenbekämpfung nach Australien geholt hatte. Nicht nur für die Stützbeutler hatte das fatale Folgen.

ÖSTLICHES IRMAWALLABY

Macropus (Notamacropus) greyi

Bei Kängurus denken wir in erster Linie an die fast mannsgroßen roten und grauen Riesenkängurus, es gibt jedoch mehr als 60 verschiedene Känguruarten. Sie leben auf den heute von Meeresstraßen getrennten Überresten der eiszeitlichen Festlandmasse Sahul, also in Australien, Tasmanien und Neuguinea, und viele, zum Beispiel die Wallabys, sind eher klein.

Die küstennahen Graslandschaften im Südosten Australiens waren die Heimat der Östlichen Irmawallabys, die zu den kleinsten Arten gehörten. John Gould, der sie in der nebenstehenden Darstellung verewigte, zitiert einen gewissen Mr. Strange mit den Worten: »Nie habe ich etwas gesehen, das so flink zu Fuß war wie diese Spezies.« Sie würden jedem Hund davonspringen. Für Gould gehörten sie mit ihrem hellgrauen, am Bauch fast weißen Fell, den schwarzen Händen und Füßen und der markanten Gesichtsfärbung zu den elegantesten und schönsten unter den Wallabys.

Doch Schönheit und Schnelligkeit schützten die nacht- und dämmerungsaktiven Tiere nicht vor der Zerstörung ihres Lebensraumes. Als mehr und mehr davon durch Rodung und Entwässerung in Weideland umgewandelt wurde, gingen ihre Zahlen massiv zurück. Eingeführte Rotfüchse und die ach so sportliche Jagd dezimierten sie weiter, bis 1910 zwischen Kingston und Beachport in Südaustralien nur noch einzelne kleine Restpopulationen übrig blieben. 1924 lebte nur noch eine einzige. Beim Versuch, die 14 Tiere einzufangen und in ein Schutzgebiet auf Kangaroo Island zu evakuieren, kamen zehn Wallabys ums Leben. Die restlichen vier wurden fortan in Gefangenschaft gehalten.

SYNONYM
Grey's Wallaby

VERWANDTSCHAFT
Gattung der Wallabys (*Notamacropus*) innerhalb der Echten Kängurus (Macropodidae)

VORKOMMEN
südöstliches Australien

AUSGESTORBEN
1924 im Freiland,
1939 in Gefangenschaft

AUSSTERBEURSACHE
Lebensraumzerstörung, invasive Arten, Jagd

ABBILDUNG
Lithografie, handkoloriert, 1863

BREITKOPFKÄNGURU

Potorous platyops

VERWANDTSCHAFT
gehört innerhalb der Familie der Rattenkängurus (Potoroidae), einer Schwestergruppe der (echten) Kängurus (Macropodidae), zur Gattung der Kaninchenkängurus (*Potorous*)

VORKOMMEN
südwestliches Australien

AUSGESTORBEN
um 1875

AUSSTERBEURSACHE
Jagd, invasive Arten (Katzen), Lebensraumzerstörung

ABBILDUNG
Lithografie, handkoloriert, 1863

Bei einem so kleinen Tier weiß man es nie genau, aber seit mehr als 100 Jahren wurden trotz intensiver Suche keine Breitkopfkängurus mehr gesehen – noch eine kleine Känguruart, diesmal aus dem westlichen Australien, der der Sensenmann nicht zuletzt in Gestalt europäischer Katzen erschien. Breitkopfkängurus werden den Rattenkängurus zugerechnet, waren kaum größer als Meerschweinchen, besaßen aber einen fast 20 Zentimeter langen Schwanz: ideale Katzenbeute. Natürlich stammt die Erstbeschreibung wieder von John Gould, »gesammelt« wurde die Spezies aber von seinem Mitarbeiter John Gilbert, der das Ehepaar Gould nach Australien begleitet hatte und für die beiden monatelang im westlichen Teil des Kontinents tätig war.

Im Gegensatz zu den pflanzenfressenden Kängurus sind Rattenkängurus Allesfresser, die sich vor allem von Pilzen, aber auch von Insekten und Wurzeln ernähren. Das galt wahrscheinlich auch für das Breitkopfkänguru, über dessen Lebensgewohnheiten wir ansonsten so gut wie nichts wissen.

Es gibt nicht viele Funde dieser kleinen Beuteltiere; möglicherweise war die Art schon selten, als Gilbert sein Exemplar erlegte. Fossilien zeigen jedenfalls, dass Breitkopfkängurus früher weiter verbreitet waren. Sind sie einer Krankheit zum Opfer gefallen? Wahrscheinlich kam wie bei den Hasenkängurus vieles zusammen, doch die verhängnisvolle Rolle der zahlreichen verwilderten Katzen bei der Dezimierung kleinerer australischer Säugetiere ist durch viele Studien belegt. Tierschützer wollten ihnen das schon heimzahlen, indem sie das Rezept einer Katzenschwanzsuppe veröffentlichten.

STELLERS SEEKUH

Hydrodamalis gigas

Der Dugong, ihr heute noch an den Küsten des Indischen Ozeans lebender Verwandter, ist ein eindrucksvolles Tier: bis zu vier Meter lang und fast eine Tonne schwer. Doch das Wesen, das der deutsche Arzt und Naturforscher Georg Wilhelm Steller im Jahr 1741 entdeckte und später in einem posthum veröffentlichten Buch beschrieb, war doppelt so groß und wog mit zehn Tonnen fast so viel wie zwei Elefantenbullen. Die nach ihrem Entdecker benannte Seekuh gehörte damit, abgesehen von den Walen, zu den größten Säugetieren, die je gelebt haben.

Als Steller auf die zahnlosen Algenfresser stieß, waren er und seine Kameraden als Schiffbrüchige auf der Beringinsel vor Kamtschatka gelandet. Die Männer kämpften ums Überleben, ihr Expeditionsleiter, der Däne Vitus Bering, war schon gestorben. Also taten sie das, was leider allzu viele Seeleute nach ihnen auch taten: Sie jagten und verzehrten die vor der Küste in Familiengruppen lebenden Seekühe. Steller verschaffte das immerhin die Gelegenheit, sie genauer zu untersuchen. Er sollte der einzige Wissenschaftler bleiben, der je eines dieser Tiere lebend zu Gesicht bekam, und das Wenige, was wir über sie wissen, geht auf seine Beobachtungen zurück.

Wärmere Temperaturen hatten die Lebensbedingungen der Seekühe verschlechtert. Früher waren sie viel weiter verbreitet gewesen. Die etwa 2000 Tiere der Beringinsel waren wohl ein Reliktvorkommen und hatten nur überlebt, weil es dort keine Menschen gab. Denn eine Begegnung mit dem Homo sapiens endete für die Seekühe zumeist tödlich. Nach Stellers Entdeckung dauerte es nur 27 Jahre, bis die letzte Seekuh erschlagen wurde.

SYNONYME
Steller'sche Seekuh, Riesenseekuh, Borkentier

VERWANDTSCHAFT
gehört innerhalb der Ordnung der Seekühe (Sirenia) zur Familie der Dugongidae, der Gabelschwanzseekühe

VORKOMMEN
nördlicher Pazifik

AUSGESTORBEN
1768

AUSSTERBEURSACHE
Jagd, Klimawandel

ABBILDUNG
Autotypie, 1893

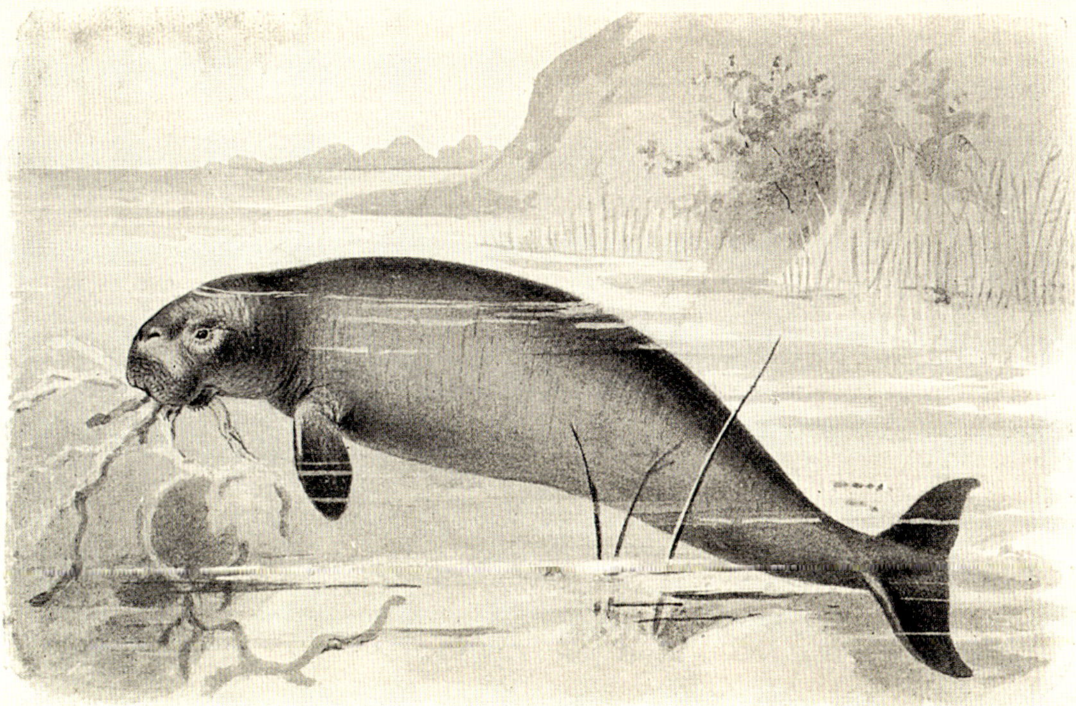

JAPANISCHER SEELÖWE

Zalophus japonicus

Fast zeitgleich wurden im 20. Jahrhundert in zwei weit voneinander entfernten Inselwelten zwei Meeressäuger ausgerottet: die Karibische Mönchsrobbe und der hier in Schwimmhaltung dargestellte Japanische Seelöwe. Die Gründe waren dieselben. Der kommerzielle Fischfang nahm den Tieren in Küstennähe die Nahrungsgrundlagen, und Fischer stellten ihnen gnadenlos nach, weil sie in ihnen Konkurrenten sahen. Früher waren die Robben vor allem wegen des wertvollen Lampenöls gejagt worden, das aus ihrem Blubber gewonnen wurde; ihre Haut verarbeiten die Menschen zu Leder, die inneren Organe zu Medizin. Japanische Seelöwen wurden auch gefangen, um sie als Zirkustiere einzusetzen.

Nun, da sie seit Jahrzehnten als ausgestorben gelten, scheinen sie den Menschen aber zu fehlen, und die Hoffnung, doch noch irgendwo auf lebende Japanische Seelöwen zu stoßen, hat man noch nicht ganz aufgegeben. Die letzten Tiere wurden in den 1950er-Jahren auf der Insel Takeshima gesehen, spätere Sichtungen waren vielleicht Verwechslungen mit aus Zoos oder anderen Freizeiteinrichtungen entkommenen Kalifornischen Seelöwen. Die beiden Koreas, Russland und China instruierten jedenfalls ihre Fischfangflotten und planten noch in den 2010er-Jahren, aufgefundene Tiere wieder in der Japanischen See anzusiedeln – bislang jedoch ohne Erfolg. Um die Küstenökologie wieder in Ordnung zu bringen, überlegte man, zur Not Kalifornische Seelöwen auszusetzen. Sie sind etwas kleiner als ihre japanischen Verwandten, die lange als deren Unterart angesehen wurden, bis genetische Analysen den Status der Japanischen Seelöwen als eigene Art bestätigten.

VERWANDTSCHAFT
gehört zur Familie der Ohrenrobben (Otariidae) innerhalb der Hundeartigen (Caniformia)

VORKOMMEN
Japan, Korea

AUSGESTORBEN
letzte Sichtung 1951

AUSSTERBEURSACHE
Jagd

ABBILDUNG
Lithografie, handkoloriert, 1842

VÖGEL

Vögel sind warmblütige Landwirbeltiere (Tetrapoda) mit einer konstant hohen Körpertemperatur von etwa 42 °C. Das vordere Extremitätenpaar ist als Flügel ausgebildet. Die meisten Vögel können fliegen, bei flugunfähigen Arten ging diese Fähigkeit im Verlauf der Evolution wieder verloren.

Die Embryonalentwicklung der Vögel vollzieht sich vollständig im Ei, eingehüllt in ein feines, mit Fruchtwasser gefülltes Häutchen, das Amnion. Da auch die eierlegenden Reptilien und die lebendgebärenden Säugetiere eine solche Hülle besitzen, werden die drei als »Amniota« zusammenfasst.

Das auffälligste Merkmal der Vögel ist ihre Körperbedeckung mit Federn. Heute gibt es keine anderen Tiere, die Federn besitzen, aber das war früher anders. Durch zahlreiche Fossilfunde vor allem aus China ist zweifelsfrei belegt, dass die Feder wesentlich älter ist als die Vögel und schon bei zahlreichen Dinosauriern vorkam. Sie diente ursprünglich nicht zum Fliegen, sondern wahrscheinlich als Wärmeschutz.

Die ältesten Vogelfossilien, die bisher gefunden wurden, stammen aus dem Jura und sind etwa 150 Millionen Jahre alt. Die nächsten lebenden Verwandten der Vögel sind die Krokodile.

Die Wissenschaft kennt gut 10 800 rezente, also heute lebende Vogelarten. 158 sind in den letzten 500 Jahren ausgestorben.

WALDRAPP

Geronticus eremita

SYNONYME
Schopfibis, Steinrapp, Klausrabe, Waldhopf

VERWANDTSCHAFT
gehört innerhalb der Pelecaniformes zur Familie der Ibisse und Löffler (Threskiornithidae)

VORKOMMEN
Süd- und Mitteleuropa, Nordafrika

AUSGESTORBEN
in Deutschland vor 1600

AUSSTERBEURSACHE
Jagd

ABBILDUNG
Kupferstich, handkoloriert, 1781

Mit seinem nackten roten Kopf ist der Waldrapp keine Schönheit. Doch sein pechschwarzes Gefieder schillert geheimnisvoll, und mit bis zu 75 Zentimetern Länge ist er ein großer Vogel, neben dem Löffler der einzige Vertreter seiner Familie in Europa.

In Mittel- und Südeuropa wurde der Waldrapp schon im späten Mittelalter ausgerottet, doch ganz ausgestorben ist er nicht. Noch gibt es lebende Vögel in Gefangenschaft und in einer brütenden Population von einigen Hundert Tieren in Marokko. Der Waldrapp ist daher ein Beispiel für eine Art, die »nur« in Europa, also lokal ausgestorben ist. Etliche Projekte versuchen aber, ihn zu vermehren und wieder auszuwildern – kein leichtes Unterfangen, denn Waldrappe lernen die Zugrouten ihrer Spezies von den Altvögeln. In Menschenobhut ausgewachsene Tiere können angeleitet werden, indem man ihnen in Leichtflugzeugen vorausfliegt. Gerade machten Meldungen die Runde, dass es bei mit GPS-Geräten ausgestatteten Vögeln durch die auf dem oberen Rücken befestigten solarbetriebenen Sender zu Trübungen der Hornhaut gekommen sei, offenbar weil die Tiere den Kopf beim Schlafen in unmittelbarer Nähe des Gerätes ablegen.

Das Verhältnis der Menschen zum Waldrapp war früher gespalten. Im alten Ägypten verehrte man sie als Seelenverkörperung, in Italien sah man in den Jungvögeln vor allem eine Delikatesse. Der Schweizer Gelehrte Conrad Gessner berichtete im 16. Jahrhundert, dass die Menschen den Waldrapp als Schädlingsvernichter in ihren Gärten schätzten, und bestätigte diese Beobachtung durch Präparation des Mageninhalts. In Salzburg schoss man die nistenden Vögel zum Spaß aus den Felswänden.

DODO

Raphus cucullatus

SYNONYM
Dronte

VERWANDTSCHAFT
Familie der Tauben (Columbidae)

VORKOMMEN
Mauritius

AUSGESTORBEN
ca. 1690

AUSSTERBEURSACHE
Jagd

ABBILDUNG
Kupferstich, handkoloriert, 1781

»*Dead as a dodo*« – im angelsächsischen Sprachraum ist der Dodo die Verkörperung des Aussterbens schlechthin. Seine Popularität verdankt er aber weniger einem spektakulären Äußeren oder staunenswerten Fähigkeiten als vielmehr seinem Auftritt in Lewis Carrolls Buch *Alice im Wunderland*. Darin überreicht er der kleinen Alice ihren eigenen Fingerhut als Preis für den Sieg in einem Wettrennen, das alle Teilnehmer gewonnen haben.

Zweifellos war der Dodo über lange Zeit eine bestens an seine Inselwelt im Indischen Ozean angepasste Tierart – davon ist heute allerdings so gut wie nie die Rede. Was ist uns von ihm geblieben? »Zwei oder drei zusammengeflickte Skelette, die in Museen aufbewahrt werden, sowie ein verstreutes Sortiment einzelner Knochen«, schreibt David Quammen. Es gebe »einen […] getrockneten Fuß, ein paar schriftliche Schilderungen […] und eine Reihe von Gemälden und Stichen, die bis ins Jahr 1600 zurückreichen […], die meisten allerdings sind Karikaturen.« Sie vermitteln das Bild eines Vogels, der zu blöd und zu fett war, um zu überleben. Wir wissen also nicht einmal genau, wie der Dodo ausgesehen hat. Geht der Name auf seinen Ruf zurück? Die überlieferten Berichte drehen sich meist um die Zahl der erlegten Vögel und ihre – offenbar miserable – Fleischqualität. Die ersten Holländer, die 1598 nach Mauritius kamen, nannten ihn *Walchvoghel* – »widerlicher Vogel«. Gegessen haben sie ihn trotzdem. Oder haben ihn die Affen auf dem Gewissen, die irgendwann auf die Insel gelangten?

Übrigens: Den Rodrigues-Solitär, den ebenfalls ausgestorbenen nächsten Verwandten des Dodos, der auf einer Nachbarinsel lebte und überraschend anders aussah, kennt kein Mensch.

RIESENVÖGEL UND ZWERGELEFANTEN – INSELN UND IHRE SONDERWEGE

St. Helena, Rodrigues, Kapverden, Guam, Maui, Ascension, Fidschi, Bermuda, die Norfolkinsel, Jamaika – die Aufzählung ließe sich noch lange fortsetzen. Wer die Listen ausgestorbener Tierarten der IUCN durchsieht, stößt immer wieder auf Namen, die die Tiere auf bestimmten Inseln verorten: Seychellen-Sittich, Puerto-Rico-Kreischeule, Kuba-Ara …

Jared Diamond, heute einer der prominentesten Biologen der Welt, veröffentlichte schon vor Jahrzehnten einen Aufsatz, in dem er die seit 1600 ausgestorbenen Vögel genauer unter die Lupe nahm. Er kam auf 171 Arten und Unterarten, was nur unerheblich über der heute aktuellen Zahl der IUCN liegt, die in ihren Einschätzungen sehr vorsichtig agiert. Von diesen 171 ausgestorbenen Vogelarten lebten 155 auf Inseln, fast 91 Prozent.

Die Vogelwelt Hawaiis verlor 24 Arten, die der Maskarenen mit Réunion und Mauritius 14, und auf der nur 15 Quadratkilometer großen Lord-Howe-Insel starben mehr Vogelarten aus als in Afrika, Asien und Europa zusammen. Doch nicht nur Vögel waren betroffen. Auch 80 Prozent aller ausgestorbenen Weichtiere (vor allem Schnecken) lebten auf Inseln. Das Gleiche gilt für fast 60 Prozent aller verschwundenen Säugetiere.

In historischer Zeit war das Aussterben von Tierarten in erster Linie ein Inselphänomen – umso mehr, wenn man auch große, lange isolierte Landmassen wie Australien, Neuseeland und Madagaskar dazurechnet. Die Gründe dafür sind vielfältig.

In der Abgeschiedenheit der Inseln konnten sich biologische Sonderwege entwickeln, von denen viele sich jedoch als fatal erwiesen, als die Tiere mit den Menschen und ihrem tierischen und pflanzlichen Gefolge konfrontiert wurden. Zu diesen Sonderwegen gehörte bei Vögeln der Verlust des Flugvermögens, einer Fähigkeit, die energetisch kostspielig ist. Sie ging verloren, weil es auf vielen Inseln keine Raubtiere gab, vor denen die Vögel hätten fliehen müssen. Beutegreifern gegenüber waren sie naiv, sodass sie von Menschen, ihren Hunden und Katzen leicht getötet werden konnten. Eingeschleppte Ratten machten sich über Eier und Jungvögel her. Oft dauerte es nur wenige Jahrzehnte, bis die arglosen Inselbewohner buchstäblich aufgefressen wurden.

Andere Arten neigten auf Inseln zu Riesenwuchs, wie die Falklandfüchse, die bis zu drei Meter hohen, flugunfähigen Elefantenvögel Madagaskars oder die noch größeren neuseeländischen Laufvögel, die Moas, die kein europäischer Siedler je zu Gesicht bekam, weil sie schon von den Maoris ausgerottet worden waren. Manche Inselarten verzwergten hingegen, wie die kleinen madegassischen Flusspferde oder die Elefanten, die es auf vielen Mittelmeerinseln wie Zypern, Sardinien, Malta oder Kreta gab. Oft erreichten sie nur gut einen Meter Schulterhöhe. Auch die letzten Wollhaarmammuts auf der russischen Wrangelinsel waren kleiner als ihre Artgenossen auf dem Festland. Keine dieser Arten hat bis in unsere Zeit überlebt.

Inselgruppen verhalfen einigen weitgereisten Neuankömmlingen zu einer Aufspaltung in viele neue Arten, weil sich die Tiere auf jeder Insel anders entwickeln konnten. Das berühmteste Beispiel sind sicher die Darwinfinken der Galapagosinseln. Doch diese Inselpopulationen sind gefährdet, und zwar umso mehr, je kleiner die Inseln sind. Oft bestehen sie nur aus wenigen Tausend oder gar Hundert Tieren und sind genetisch verarmt, denn sie stammen von einer geringen Anzahl von Pionieren ab, die es schafften, dorthin zu gelangen und sich zu vermehren. Diese Gründerindividuen brachten nur einen kleinen, vom Zufall bestimmten Ausschnitt der Genvarianten ihrer Ausgangsarten mit, was ihre Widerstandskraft gegenüber Krankheiten und Veränderungen der Umwelt schwächte.

Inseln bieten also Chancen und Risiken. Edward O. Wilson, ein weiterer berühmter Biologe, der sich intensiv mit den Lebensgemeinschaften auf Inseln beschäftigt hat, bemerkte dazu: »Die Wahrscheinlichkeit, völlig pleitezugehen, ist niedriger, wenn man von Anfang an reich ist« – reich an Individuen und genetischen Varianten.

RIESENALK

Pinguinus impennis

85 Zentimeter groß und bis zu fünf Kilogramm schwer – der Riesenalk war ein beeindruckender Vogel, der in enormen Brutkolonien die Inselküsten im Nordatlantik bevölkerte. Tatsächlich trug er den Namen »Pinguin« zuerst. Später wurden die »echten«, nicht näher verwandten Pinguine der Südhalbkugel wegen der ähnlichen Gefiederfärbung ebenso genannt. Der Riesenalk, ein Vetter der Lummen, wurde zum »Pinguin des Nordens«. Sein Pech: Als Fischfresser konnte er hervorragend schwimmen und tauchen, aber nicht fliegen; und auch zu Fuß war er eher unbeholfen. Dabei hätte er allen Grund gehabt davonzulaufen.

»Als ob Gott die Unschuld einer so armen Kreatur geschaffen hätte, damit sie zu einem wunderbaren Nahrungsmittel des Menschen werde«, schrieb Kapitän Richard Whitbourne im Jahr 1622. Seeleute trieben die Vögel zu Hunderten auf Boote, denn sie hatten »sehr gutes, nahrhaftes Fleisch«. Und Fett – so viel, dass die Vögel auf baumlosen Inseln als Brennholzersatz verwendet wurden. Zudem nutzte man ihre Daunen. Wenn die Tiere Glück hatten, wurden sie vorher erschlagen. Sonst rupfte man sie bei lebendigem Leib und überließ sie dann ihrem Schicksal. Das konnte nicht lange gut gehen. Als John James Audubon in den 1830er-Jahren nach Neufundland reiste, um Riesenalke für seine *Birds of America* zu malen, fand er keine mehr, sodass er mit einem ausgestopften Exemplar aus Island vorliebnehmen musste. Dort, auf der Felseninsel Eldey, wurde das letzte bekannte Paar getötet, weil ihre mittlerweile seltenen Bälge und Eier in adligen Kreisen als Sammelobjekte geschätzt wurden. Jahre später wurde noch ein Vogel in Neufundland gesehen.

SYNONYM
Brillenalk

VERWANDTSCHAFT
Familie der Alkenvögel (Alcidae)

VORKOMMEN
Nordatlantik, Knochenfunde auch in Florida und Marokko

AUSGESTORBEN
letzte Sichtung im Jahr 1852

AUSSTERBEURSACHE
Jagd

ABBILDUNG
Aquatinta, 1836

DIEFFENBACH-RALLE

Gallirallus dieffenbachii

Rallen sind weltweit vor allem in den Tropen verbreitete Verwandte der Kraniche. Ihre Flugfähigkeiten sind keineswegs außergewöhnlich, trotzdem gelang es ihnen, zahlreiche auch weit abgelegene Inseln zu besiedeln und sich dort zu endemischen Arten zu entwickeln. Praktisch jede größere Insel besaß deshalb eine oder sogar mehrere eigene Rallenarten. Viele verloren im Laufe der Evolution wegen der Abwesenheit von Raubtieren ihre Flugfähigkeit. Als Menschen mit ihren Haus- und Nutztieren die Inseln besiedelten und das Land umgestalteten, um es landwirtschaftlich zu nutzen, wurde das den Rallen nicht selten zum Verhängnis. Mehr als 20 Arten sind im Verlauf der letzten Jahrhunderte ausgestorben.

Dazu gehört auch die Dieffenbach-Ralle, eine von mehreren flugunfähigen Rallenarten der Chathaminseln, die über 600 Kilometer östlich von Neuseeland im Südpazifik liegen. Doch nur der deutsche Geologe und Naturforscher Ernst Dieffenbach hat je ein lebendes Exemplar fangen können. Als er 1840 während seines zweijährigen Neuseeland-Aufenthalts für vier Wochen die Chathaminseln besuchte, war die später nach ihm benannte Ralle schon selten. Anhand dieses einen Exemplars erfolgte wenige Jahre später die wissenschaftliche Beschreibung.

Den Menschen erging es nicht besser als den Rallen. Auf Chatham lebten damals die Moriori. Es ist nicht ganz klar, seit wann sie dort waren und von wem sie abstammten. Sicher ist aber, dass europäische Siedler ihnen die Nahrungsgrundlage entzogen, indem sie an der Küste die Robben töteten, und dass neuseeländische Maoris, die ab 1835 eintrafen, sie versklavten und töteten.

VERWANDTSCHAFT
Familie der Rallen (Rallidae) innerhalb der Kranichvögel (Gruiformes)

VORKOMMEN
Chathaminseln, Neuseeland

AUSGESTORBEN
1872

AUSSTERBEURSACHE
Lebensraumzerstörung, invasive Arten

ABBILDUNG
Lithografie, handkoloriert, 1846

KUPFERFADENELFE

Discosura letitiae

VERWANDTSCHAFT
Kolibris (Trochilidae) gehören zu den Seglervögeln (Apodiformes)

VORKOMMEN
Bolivien

AUSGESTORBEN
zuletzt vor 1852 gesammelt

AUSSTERBEURSACHE
Lebensraumzerstörung?

ABBILDUNG
Lithografie, handkoloriert, unter Verwendung von Blattgold, 1861

Was die Originalität ihrer Namen angeht, sind die kleinen Schwirrflieger ganz groß: Veilchenscheitelamazilie, Smaragdkehl-Mangokolibri, Amethystsonnennymphe – wer kann da noch mithalten? Dazu eine außergewöhnliche Anzahl von Superlativen: der kleinste und leichteste Vogel, das schnellste Wirbeltier, extrem hohe Herzschlag- und Atemfrequenz.

Kolibris leben heute nur in Nord-, Süd- und Mittelamerika; die ältesten Fossilien, die man kennt, stammen aber aus der Alten Welt. Sie sind 30 Millionen Jahre alt und wurden in Frauenweiler in Baden-Württemberg gefunden. Wo sind unsere Kolibris geblieben? Wir hätten auch gern welche, so schöne wie die Kupferfadenelfe, bei der, außer Schnabel und Schwanz, jeder Körperteil in Smaragd- und Bronzetönen schimmerte und glänzte. Ein fliegender Edelstein, doch die Fachleute stritten darüber, was sie von diesem Vogel halten sollten: ein Hybrid, eine Farbvariante oder ein Jungtier einer anderen Spezies – oder tatsächlich eine eigenständige Art?

Die Faktenlage ist, um es vorsichtig zu formulieren, äußerst dünn. Nur zwei Exemplare kennt die Wissenschaft, beide wurden in der ersten Hälfte des 19. Jahrhunderts gesammelt. Seitdem sind die Kupferfadenelfen nie wieder aufgetaucht. Nicht einmal den genauen Lebensraum dieser beiden Vögel kennt man: irgendwo in Nord-Bolivien. Nebeneinanderlegen kann man sie auch nicht: Einer wird in New York, der andere in London aufbewahrt. Letzterer stammt aus dem Besitz von John Gould, dem wir das nebenstehende Bild verdanken. Vermutlich hat auch er die Vögel nie lebend gesehen.

4/5

NEUSEELÄNDISCHE SCHWARZBRUSTWACHTEL

Coturnix novaezelandiae

SYNONYM
Koreke

VERWANDTSCHAFT
Gattung der Erdwachteln (*Coturnix*) innerhalb der Familie der Fasanenartigen (Phasianidae)

VORKOMMEN
Neuseeland

AUSGESTORBEN
1875

AUSSTERBEURSACHE
invasive Arten, Jagd, Krankheit?

ABBILDUNG
Lithografie, handkoloriert, 1873

Warum die Schwarzbrustwachtel in Neuseeland die Segel streichen musste, ist bis heute ungeklärt. Noch Mitte des 19. Jahrhunderts wuselte sie zahlreich durch die Grasländer der Nord- und Südinsel und zog dort regelmäßig ihre zehn bis zwölf Junge auf. Wenige Jahre später gab es jedoch nur noch Restvorkommen, die bald darauf endgültig ausstarben.

Wahrscheinlich waren es irgendwann der Stressfaktoren zu viele. Die Menschen legten Feuer, um Weideland zu schaffen, und stellten den Wachteln intensiv nach. Weil ihnen das neuseeländische Angebot nicht reichte, setzten die jagdbegeisterten Engländer überdies weitere Wachtelarten aus, mit denen die einheimischen Vögel fortan konkurrieren mussten. Man kann sich auch lebhaft vorstellen, was es für Tiere bedeutet, die Jahrtausende hindurch keine Raubtiere kannten und in offenem Gelände und grasgepolsterten Bodennestern brüten, wenn plötzlich immer mehr hungrige Katzen, Hunde, Wiesel und Ratten herumstreifen. Manche Experten machen Krankheiten für das Aussterben der Wachteln verantwortlich, eingeschleppt mit den zu Jagdzwecken ins Land geholten fremden Vogelarten.

Hoffnung keimte auf, als man sich der Vögel auf Tiritiri Matangi Island erinnerte. Hatte die Schwarzbrustwachtel vielleicht auf einer der kleineren, weitgehend naturbelassenen Inseln Neuseelands überlebt? Da man die verschiedenen Arten äußerlich kaum unterscheiden kann, mussten genetische Untersuchungen eingeleitet werden. Ihr Ergebnis war leider eine Enttäuschung: Es handelt sich um eingeführte Braune Wachteln (*Coturnix ypsilophora*), die in Australien, Tasmanien und Neuguinea heimisch sind.

NORFOLK-KAKA

Nestor productus

SYNONYM
Dünnschnabelnestor

VERWANDTSCHAFT
Die Gattung *Nestor* gehört innerhalb der Papageien zur Familie der Strigopidae, die ausschließlich in Neuseeland und auf umliegenden Inseln lebt.

VORKOMMEN
Norfolk- und Phillipinsel

AUSGESTORBEN
vor 1850

ENDLING
namenlos, starb 1851 als Käfigvogel in London

AUSSTERBEURSACHE
Jagd

ABBILDUNG
Lithografie, handkoloriert, 1873

Der Kaka (das erste »a« wird lang gesprochen) ist ein neugieriger und lautstarker Papagei, der zu den außergewöhnlichsten Vogelschätzen Neuseelands gehört. Er und der Kea oder Bergpapagei sind die einzigen Überlebenden der großen und kräftigen Nestorpapageien, doch beide Arten gelten als gefährdet oder sogar vom Aussterben bedroht.

Die Neuseeländer unternehmen große Anstrengungen, um ihnen das Schicksal des dritten Nestorpapageien, des bunten Norfolk-Kakas, zu ersparen. Der lebte ausschließlich auf der nur 35 Quadratkilometer großen Norfolkinsel sowie der benachbarten Phillipinsel. Nach der Ankunft der Menschen wurden die Vögel dort bejagt und als Haustiere gehalten; besonders schlecht ist ihnen aber die Zeit bekommen, in der ihre Heimat als Sträflingsinsel genutzt wurde.

Fast alles, was wir über die Vögel wissen, verdanken wir wieder einmal John Gould, der in Sydney einen Käfigvogel zu sehen bekam. Dieser habe sich im Haus seiner Halter frei und vorwiegend hüpfend wie ein Rabenvogel fortbewegt. Mrs. Anderson, die Besitzerin des Tieres, habe ihm erzählt, dass die Vögel insbesondere weiße Hibiskusblüten und deren Nektar fressen würden, berichtet Gould. Gleich zu Beginn drückt er seine Besorgnis aus: Er »bedauere, feststellen zu müssen«, dass gegen den Norfolk-Kaka ein »Vernichtungskrieg« geführt werde, sodass er wie der Dodo bald ausgerottet sein werde und nur Haut und Knochen von ihm übrig bleiben würden. Gould schwärmt von der Schönheit der Kakas, von ihrer Stimme allerdings ist er nicht sehr angetan: ein »heiseres, quakendes, unharmonisches Geräusch, das manchmal an Hundegebell erinnert«. Man wird es nie wieder hören.

STEPHENS-ISLAND-SCHLÜPFER

Traversia lyalli

Aussterbegeschichten sind selten zum Schmunzeln. Hier ist eine der tragikomischen Art: Auf der neuseeländischen Stephens Island wurde Ende des 19. Jahrhunderts auf Beschluss der Regierung ein Leuchtturm errichtet. Da der dort lebende Leuchtturmwärter sehr unter seiner Einsamkeit litt, schaffte er sich eine Katze an, die tagsüber umherstreifte. Abends brachte sie oft kleine braune Vögelchen mit, die sie erbeutet hatte. Der Wärter kannte sie. Er hatte sie schon oft beobachtet, wenn sie in der Dämmerung wie Mäuse durch das Dickicht wuselten. Da ihm die Vögel ungewöhnlich vorkamen, schickte er einige von der Katze angeschleppte Exemplare an ein Museum, wo sie bei den Fachleuten ungläubiges Staunen auslösten.

Auf den Hauptinseln waren sie ausgestorben, deshalb war es eine Sensation, dass man auf diese ungewöhnliche Weise auf eine überlebende Population von Neuseeland-Schlüpfern gestoßen war, den letzten flugunfähigen Sperlingsvögeln (unten rechts). Doch noch im gleichen Jahr, in dem die Wissenschaftler erkannten, womit sie es zu tun hatten, hatte die Leuchtturmwärterkatze die Schlüpfer bis auf den letzten Vogel ausgerottet. Elf Exemplare, die einzigen, die man heute kennt, gelangten so, wie die Katze sie zugerichtet hatte, in verschiedene Museen.

Doch vermutlich ist das nur die halbe Wahrheit. Auch Sammler hatten sich auf Stephens Island mit Schlüpfern versorgt, und der Leuchtturmwärter rodete fast den gesamten Inselwald, um Weideland zu schaffen. Neben den kleinen Schlüpfern starben auf der Insel noch zwölf weitere Vogelarten aus.

SYNONYM
Stephenschlüpfer

VERWANDTSCHAFT
Familie der Stummelschwänze (Acanthisittidae) innerhalb der Sperlingsvögel (Passeriformes)

VORKOMMEN
Stephens Island, Neuseeland

AUSGESTORBEN
1894

AUSSTERBEURSACHE
invasive Arten, Lebensraumzerstörung

ABBILDUNG
Lithografie, 1907

HUIA

Heteralocha acutirostris

SYNONYME
Lappenhopf, Hopflappenvogel

VERWANDTSCHAFT
Familie der Lappenvögel (Callaeidae) innerhalb der Sperlingsvögel (Passeriformes)

VORKOMMEN
Neuseeland

AUSGESTORBEN
letzte bestätigte Sichtung im Freiland 1907

AUSSTERBEURSACHE
Lebensraumverlust, invasive Arten, Jagd

ABBILDUNG
Lithografie, handkoloriert, 1873

Fällt Ihnen an diesem Paar etwas auf? Richtig! Die beiden haben unterschiedlich geformte Schnäbel. Das ist das Besondere, ja Einmalige am Huia. Keine andere Vogelart zeigt einen so ausgeprägten Sexualdimorphismus der Schnäbel: Bei den Weibchen ist er lang, schmal und leicht nach unten gebogen, bei den Männchen kräftig und mehr als zwei Zentimeter kürzer. Beide Geschlechter, die wahrscheinlich in lebenslanger Monogamie zusammenlebten, stocherten in Spechtmanier in altem Holz nach Insekten und gingen dabei vielleicht wegen der unterschiedlichen Schnabelwerkzeuge direkter Konkurrenz aus dem Wege. Eine andere Theorie interpretiert die auffällig gefärbten Schnäbel als das Ergebnis sexueller Selektion.

Weil er auf Totholz angewiesen war, reagierte der Huia empfindlich, als europäische Siedler großflächig die alten Urwälder fällten, um Weideland zu schaffen. Wegen seines schönen schwarzen, grün-metallisch schimmernden Gefieders gab es darüber hinaus eine große Nachfrage nach Museums- und Sammlerstücken. Ein Jäger versorgte allein das Wiener Naturkundemuseum mit über 200 Paaren.

Fossilien beweisen, dass der Huia einst auch die Bergwälder der ganzen Nordinsel bewohnte. Als die Europäer nach Neuseeland kamen, war die Art aber schon selten und lebte nur noch im Südwesten. Über ihre Biologie ist daher nur wenig bekannt. Die Maoris nutzten die Federn des Huias als Statussymbole und für rituelle Zwecke. Besonders die Schwanzfedern mit der weißen Spitze wurden nur von hochgestellten Persönlichkeiten getragen und weit über die Nordinsel hinaus gehandelt und getauscht.

MITGEFANGEN, MITGEHANGEN – KOEXTINKTION

Als Martha, die letzte Wandertaube, im Jahr 1914 starb, ging sie nicht allein. Denn in ihrem Gefieder (und im Gefieder vieler anderer Wandertauben, die schon vor ihr gestorben waren) lebte ein Federling, der letzte Vertreter einer winzigen Tierlaus, die sich von Federresten und Hautschuppen der Taube ernährte. *Columbicola extinctus* war ein Parasit, der sich, so glaubte man, nur auf der Wandertaube zu Hause gefühlt hatte und mit ihr ausstarb. Dass es aus Sicht dieses Federlings ein Happy End gab – man fand ihn später unerwartet auch auf einer anderen Taubenart –, ändert nichts an dem Phänomen, für das er bis heute steht: die Koextinktion. Wer sich als Parasit zu sehr spezialisiert und ausschließlich auf eine Wirtsart setzt, läuft Gefahr, mit ihr zusammen auszusterben.

Ursprünglich wurde der Begriff »Koextinktion« für Fälle wie diesen geprägt, für Insekten, die als spezifische Parasiten von nur einer Tier- oder Pflanzenart leben und deshalb auf Gedeih und Verderb von ihr abhängig sind. Doch Schmetterlinge, deren Raupen nur eine einzige Pflanzenart schmeckt oder die wie manche Bläulinge als Raupe von einer ganz bestimmten Ameisenart adoptiert werden müssen, um von deren Brut zu schmarotzen, leben in einem ähnlichen Abhängigkeitsverhältnis. Grob gesagt, das ergeben Modellrechnungen, muss von einem Eins-zu-eins-Verhältnis ausgegangen werden: Für jede aussterbende Tierart stirbt eine von ihr abhängige Art mit. Es können auch mehrere sein – oder sogar sehr viele, wenn man die Körpermikroben mitrechnet, mit denen jedes Lebewesen auf der Erde einen sogenannten Metaorganismus bildet.

Nun mag man das Aussterben von Parasiten und Mikroben als eher nachrangiges Problem ansehen. Wenn man den Begriff »Koextinktion« aber weiter fasst und alle wechselseitigen Abhängigkeiten berücksichtigt, die uns im Organismenreich begegnen, wird die Größenordnung, um die es hier geht, deutlicher. Denn kein Lebewesen existiert für sich allein. Alle Organismen eines Lebensraums, vom Bakterium bis zum Braunbär, von der Alge bis zum Blauwal, sind in komplexen Wechselbeziehungen miteinander vernetzt. Parasiten wie die Federlinge brauchen ihre Wirte, Herbivoren ihre Nahrungspflanzen, Blütenpflanzen ihre Bestäuber, Symbionten ihre

Symbiosepartner. Und Raubtiere brauchen ihre Beute.

So wie der neuseeländische Haastadler (*Harpagornis moorei*): Er erreichte eine Flügelspannweite von zwei bis drei Metern und war um 40 Prozent schwerer als der größte heute lebende Adler. Zu diesem Giganten wurde er erst, nachdem seine viel kleineren Vorfahren nach Neuseeland gelangt waren – ein Fall von Inselriesenwuchs –, und in Anpassung an seine Beute. Der Haastadler jagte Moas, die das 15-Fache seines Körpergewichts erreichten. Mit dem Ende der Riesenvögel war es auch um ihren schlimmsten Feind geschehen.

Raubtiere sorgen für organismische Vielfalt, indem sie verhindern, dass einzelne Arten überhandnehmen. Herden großer Pflanzenfresser gestalten ihren Lebensraum und setzen damit die Rahmenbedingungen für viele andere Tier- und Pflanzenarten. Sie sorgen für Raum und Licht und verschaffen damit bestimmten Gewächsen einen Vorteil.

Auch Steinkorallen wirken als sogenannte Ökosystemingenieure. Mit ihren Riffen, die gewaltige Ausdehnungen erreichen können, schaffen sie Lebensraum für mehr als 800 000 andere Tier- und Pflanzenarten. Ein Kollaps der Korallenriffe im Zuge des Klimawandels würde also das Aus für viele weitere Arten bedeuten.

Jede Art, die ausstirbt, hinterlässt eine Leerstelle. Manchmal wird sie schnell von anderen gefüllt, manchmal nicht. Vielleicht gibt es plötzlich niemanden mehr, der die Samen einer bestimmten Pflanzenart verbreitet, vielleicht müssen Räuber auf andere Beutetiere, Herbivoren auf andere Pflanzen und Parasiten auf andere Wirte ausweichen. Das kann im Ökosystemgefüge zu erheblichen Turbulenzen führen, bis hin zum Aussterben von Arten, die man ursprünglich gar nicht auf der Rechnung hatte. Biologen sind bisher nicht in der Lage, die Größenordnung solcher Koextinktionen abzuschätzen, sie halten sie aber für beträchtlich.

WANDERTAUBE

Ectopistes migratorius

Noch 1866, als ihr Niedergang schon begonnen hatte, soll es 14 Stunden gedauert haben, bis ein einziger Schwarm der großen nomadischen Taube durchgezogen war. Er umfasste mehrere Milliarden Vögel. Ihre Kolonien waren nicht selten Hunderte von Quadratkilometern groß, Hunderttausende von Brutpaaren müssen nicht zuletzt auch ein akustisches Spektakel gewesen sein. Noch Anfang des 19. Jahrhunderts war die Wandertaube der häufigste Vogel Nordamerikas, und niemand hätte sich vorstellen können, dass ihre Bestände nur wenige Jahrzehnte später einbrechen und die Tiere aussterben könnten. Und doch ist es geschehen.

Auch die Ureinwohner jagten sie, doch die Europäer trieben die Verfolgung auf ein bis dahin nie gekanntes Niveau. Während der Zugzeit waren ganze Dörfer tagelang mit nichts anderem beschäftigt. Händler verkauften die Vögel zu Tausenden, tage-, wochenlang aßen die Menschen nur Taubenfleisch, sie mästeten damit sogar ihre Schweine. Bäume wurden gefällt, um an die Nester mit den fetten Jungvögeln heranzukommen.

In der zweiten Hälfte des 19. Jahrhunderts ging die Zahl der Tauben schon merklich zurück; dann, nach 1880, kamen der Zusammenbruch und das Aus innerhalb weniger Jahre.

Es bleiben Fragen, denn über die Biologie der Vögel wissen wir schockierend wenig. Warum gab es keinen Bruterfolg mehr? Jedes Paar legte nur ein Ei, die Nester waren einfach und ungeschützt – konnten Wandertauben nur in der Masse überleben? Welche Rolle spielte die Entwaldung? Ist es ihr schlechtes Gewissen, das die Menschen von einer Wiederauferstehung der Wandertaube mithilfe der Genetik träumen lässt?

VERWANDTSCHAFT
Familie der Tauben (Columbidae)

VORKOMMEN
östliches Nordamerika

AUSGESTORBEN
im Freiland um 1900

ENDLING
Martha, starb am 01.09.1914 im Alter von 29 Jahren im Zoo von Cincinnati, Ohio

AUSSTERBEURSACHE
Jagd, Lebensraumverlust

ABBILDUNG
Aquatinta, von Hand nachkoloriert, 1829

HEIDEHUHN

Tympanuchus cupido cupido

Europäische Siedler müssen in den USA einen unstillbaren Hunger auf Geflügel entwickelt haben. Das erfuhren nicht nur die Wandertauben (S. 88), sondern auch die großen Heidehühner. Sie galten allerdings als Armeleuteessen und ersetzten auf nicht wenigen Tischen an *Thanksgiving* den Truthahnbraten.

Manche sehen in den Heidehühnern eine Unterart der weiter westlich lebenden Präriehühner, die heute auch gefährdet sind, andere eine eigene Art. Den Siedlern dürfte es egal gewesen sein. Schon um 1870 hatten sie die Heidehühner auf dem Festland ausgerottet. Nur auf Martha's Vineyard, einer Insel in der Nähe von Boston, Massachusetts, hatten noch etwa 300 Hühner überlebt.

1906 dezimierte sie ein Feuer auf nur noch 80 Vögel. Heidehühner wurden daraufhin zur ersten Vogelart, für die die Behörden besondere Schutzmaßnahmen verfügten. Man richtete auf Martha's Vineyard ein Schutzgebiet ein, in dem die Tiere sich tatsächlich erholten. Im April 1916 soll es auf der Insel wieder etwa 2000 Heidehühner gegeben haben, die Population schien gesichert. Doch im Mai des gleichen Jahres brach wieder ein Feuer aus und zerstörte während der Nistsaison ein Fünftel der Insel. Als dann auch noch eine Vogelkrankheit eingeschleppt wurde, war es um die Heidehühner geschehen.

Schließlich blieb nur noch Booming Ben übrig, ein Männchen, das in seiner Arena noch vier Jahre lang einsam und vergeblich vor sich hin balzte, bevor es 1932 starb. Nach Überlegungen, Präriehühner auf Martha's Vineyard auszusetzen, hat sich ein *Heath Hen Project* die genetische Wiedererweckung des Heidehuhns zum Ziel gesetzt.

SYNONYM
Cupidohuhn

VERWANDTSCHAFT
gehört zu den Raufußhühnern (Tetraoninae) innerhalb der Familie der Fasanenartigen (Phasianidae)

VORKOMMEN
östliches Nordamerika

AUSGESTORBEN
auf dem Festland spätestens seit 1870; nach 1927 gab es auf Martha's Vineyard nur noch fünf Männchen

ENDLING
Booming Ben, wurde zuletzt am 11. März 1932 in seiner Balzarena beobachtet

AUSSTERBEURSACHE
Jagd

ABBILDUNG
Aquatinta, 1836

KAROLINASITTICH

Conuropsis carolinensis

VERWANDTSCHAFT
gehören zu den Neuweltpapageien (Arini) innerhalb der Familie der Eigentlichen Papageien (Psittacidae)

VORKOMMEN
südöstliches Nordamerika

AUSGESTORBEN
im Freiland vielleicht erst etwa 1930, aber keine gesicherten Daten

ENDLING
Incas, gestorben am 21. Februar 1918 im Zoo von Cincinnati, Ohio

AUSSTERBEURSACHE
Lebensraumverlust, Jagd

ABBILDUNG
Aquatinta, von Hand nachkoloriert, 1827

In puncto Lautstärke und Farbenpracht haben sie sie zweifellos übertroffen, doch das nicht weniger tragische Schicksal der Karolinasittiche ist hinter der astronomischen Zahl der Wandertauben (S. 88) irgendwie verschwunden. Dabei waren die beiden Zeitgenossen, teilten sich sogar große Teile ihres Verbreitungsgebiets – bis zum bitteren Ende, könnte man sagen. Denn Incas, der Endling der Sittiche, starb im Februar 1918 im gleichen Käfig wie vier Jahre zuvor Martha, die letzte Wandertaube, ein Jahr nach seiner Partnerin Lady Jane, mit der er 30 Jahre lang zusammengelebt hatte.

Es gibt noch weitere Gemeinsamkeiten. Auch über die Karolinasittiche, die in zwei Unterarten existierten, gibt es keine wissenschaftlichen Studien, die noch zu Lebzeiten der Spezies durchgeführt worden wären. Was wir über sie – immerhin die einzige Papageienart Nordamerikas – wissen, stammt aus Beobachtungen und anekdotischen Überlieferungen, unter anderem auch von John James Audubon, von dem diese berühmte Darstellung stammt. Katzen, die sie gefressen hätten, seien gestorben, berichtete er unter anderem. Die Vögel seien giftig gewesen, vielleicht weil sie die giftigen Samen der Spitzklette verzehrten.

Samen waren ihre Leib- und Magenspeise, leider auch die von Äpfeln, Birnen und Gräsern, was sie zu verhassten Schädlingen im Obst- und Getreideanbau werden ließ und letztlich mit zu ihrem Ende beitrug. Man fing sie auch ihrer bunten Federn wegen und hielt sie als Haustiere. Entscheidend für den Niedergang der Höhlenbrüter war aber wohl die Abholzung der alten Wälder, ihres angestammten Lebensraums.

ROSENKOPFENTE

Rhodonessa caryophyllacea

Man muss fast zweimal hinschauen, um es zu glauben: Tatsächlich, Kopf und Nacken waren wirklich rosa, besonders beim Erpel. Seit Kurzem weiß man, dass diese Farbe wie bei den Flamingos auf Carotinoide zurückgeht, innerhalb der großen Gesellschaft der Wasservögel nahezu ein Alleinstellungsmerkmal. Nur eine australische Verwandte, die Rosenohrente, färbt einige ihrer Kopffedern auf die gleiche Weise.

Obwohl gesellig, sind Rosenkopfenten in ihrem Lebensraum, den Feuchtgebieten des indischen Subkontinents, nie sehr zahlreich gewesen. Genetische Untersuchungen zeigen, dass es dort während der letzten 150 000 Jahre wohl zu keinem Zeitpunkt mehr als 15 000 bis 25 000 Individuen gegeben hat. Hübsch und selten – das weckte Begehrlichkeiten. Die Ente wurde gejagt und gefangen, um als Ziervogel verkauft zu werden. Leider hat sie in Gefangenschaft nie gebrütet. Zu ihrem Rückgang trug auch die fortschreitende Zerstörung ihrer Lebensräume durch Rodung der Wälder und Umwandlung in landwirtschaftliche Produktionsflächen bei. Gleichzeitig wucherte die eingeschleppte Wasserhyazinthe offene Wasserflächen zu.

Noch gibt es ein wenig Hoffnung, dass die Rosenkopfente überlebt haben könnte, obwohl bisher alle Versuche, sie wiederzufinden, gescheitert sind. Möglicherweise ist sie nachtaktiv und deshalb schwer zu beobachten. Vor allem Berichte aus Myanmar haben die IUCN veranlasst, die Art vorerst nicht als »ausgestorben« einzustufen. Zwar wurde sie seit Jahrzehnten nicht mehr gesehen, doch noch hat man nicht alle für sie geeigneten Gebiete ausreichend erforscht. Wenn es die Enten mit dem rosa Kopf noch gibt, dann sind es sicher nur wenige. Sie gelten deshalb als »kritisch gefährdet«.

SYNONYM
Nelkenente

VERWANDTSCHAFT
gehört zum Tribus der Tauchenten (Aythyini) innerhalb der Entenvögel (Anatidae)

VORKOMMEN
Indien, Bangladesch, Myanmar

AUSGESTORBEN
letzte bestätigte Sichtung im Freiland 1949

AUSSTERBEURSACHE
Lebensraumverlust, invasive Arten (Verkrautung der Gewässer durch Wasserhyazinthen), Jagd

ABBILDUNG
Chromolithografie, 1908

LAYSAN-APAPANE

Himatione fraithii

VERWANDTSCHAFT
Innerhalb der Familie der Finken (Fringillidae) bilden die Kleidervögel eine eigene Untergruppe (Drepanidini).

VORKOMMEN
Laysan, Hawaii

AUSGESTORBEN
1923

AUSSTERBEURSACHE
invasive Arten (Kaninchen), Lebensraumzerstörung

ABBILDUNG
Lithografie, handkoloriert, 1893

Galapagos hat die Darwinfinken, Hawaii die Kleidervögel. Sie gehören ebenfalls zu den Finken, sind allerdings wesentlich bunter und vielgestaltiger als ihre graubraunen Verwandten.

Fast 4000 Kilometer Ozean liegen zwischen der vulkanischen Inselkette Hawaii und der US-amerikanischen Westküste, eine für einen kleinen Vogel schier unüberbrückbare Distanz, sollte man meinen. Und doch stammen auch die Kleidervögel von einer einzigen Finkenart ab, die es vor Urzeiten vom Festland hierher verschlagen haben muss. Da der Archipel aus über 100 großen und kleinen Inseln besteht und für die Neuankömmlinge eine Vielzahl von unterschiedlichen Lebensräumen mit zum Teil üppiger tropischer Vegetation bereithielt, entwickelte sich eine größere Formenvielfalt als auf Galapagos. Mehr als die Hälfte der insgesamt 34 Kleidervögelspezies ist jedoch ausgestorben oder bedroht.

Den Apapanen, die sich von Insekten und Nektar ernährten, standen auf ihrer nahezu baumlosen Insel Laysan mit der zentralen Lagune nur vier Quadratkilometer zur Verfügung, die sie sich mit zahllosen Seevögeln und vier weiteren endemischen Vogelarten teilten, darunter natürlich auch eine Ralle. Nur zwei dieser Spezies sind übrig geblieben. Heute ist Laysan Teil eines Schutzgebietes, doch um die Jahrhundertwende wurden hier Vogeleier gesammelt und massiv Guano abgebaut. Verheerend wirkten sich die Kaninchen aus, die der deutsche »Inselkönig« Max Schlemmer ausgesetzt hatte und die fast die gesamte Inselvegetation auffraßen. Die letzten drei Apapanen fielen einem Sturm zum Opfer, weil es für sie kaum noch Versteckmöglichkeiten gab.

HAWAII-AKIALOA

Hemignathus obscurus

Unter den Kleidervögeln gibt es Samenfresser mit kurzen, kräftigen Schnäbeln und Nektarfresser. Der Hawaii-Akialoa mit seinem langen, gebogenen Schnabel gehörte unzweifelhaft zu Letzteren, wobei er vor allem die großen Blüten von Lobelien besuchte und dabei auch als Bestäuber fungierte. Eifrig soll er zudem im Holz nach Raupen und Käfern gestochert haben. Sein Zuhause war die größte Insel des Archipels, Big Island, wo er aber nur in den Hangwäldern des Bergs Koa-'Ohi' lebte, auf einer Höhe von 500 bis 2000 Metern.

Als ihm durch Abholzung der Wälder der Lebensraum genommen wurde, ging seine Zahl rasch zurück. Zusätzlich machte ihm und anderen Kleidervögeln eine eingeschleppte Krankheit zu schaffen: die Vogelmalaria. Wahrscheinlich waren schon immer Vögel auf den Inseln gelandet, die diesen Parasiten in sich trugen. Doch solange es keine Überträger gab, bestand für die einheimischen Vögel keine Gefahr. »Hier gibt es keine Stechmücken«, frohlockten zwei Missionare noch 1822. Nur vier Jahre später änderte sich das. Die britische *Wellington*, die aus dem tropischen Mexiko gekommen war, wollte sich auf Maui mit Trinkwasser versorgen; das alte, abgestandene Wasser, in dem es von Mückenlarven wimmelte, wurde in einen Bachlauf geschüttet. Bald klagten die Menschen über ein bislang unbekanntes Jucken, das mit einer neuen Fliege im Zusammenhang stand. Sie nannten sie »Singen im Ohr«. Dann verschwanden aus zunächst rätselhaften Gründen die Vögel. Die Wälder wurden stiller. Da die Mücke auf das Tiefland beschränkt ist, gibt es nennenswerte Bestände an Kleidervögeln heute nur noch in Höhen über 1250 Meter.

VERWANDTSCHAFT
Innerhalb der Familie der Finken (Fringillidae) bilden die Kleidervögel eine eigene Untergruppe (Drepanidini).

VORKOMMEN
Hawaii

AUSGESTORBEN
1940

AUSSTERBEURSACHE
Lebensraumzerstörung, invasive Arten, Vogelmalaria

ABBILDUNG
Lithografie, handkoloriert, 1893

KEHREN SIE WIEDER ZURÜCK? – DEEXTINKTION

Lange Zeit gehörte die Vorstellung, ausgestorbene Tierarten könnten wieder zum Leben erweckt werden, ins Reich der Science-Fiction. Heute scheint es nur eine Frage der Zeit zu sein, bis Forscherinnen und Forscher zum ersten Mal Vollzug melden. Allerdings werden sie uns sicher nicht mit Dinosauriern beglücken.

Michael Crichtons im Jahr 1990 erschienener Bestseller *Jurassic Park* (1991 auf Deutsch unter dem Titel *DinoPark* publiziert) und insbesondere dessen sehr erfolgreiche Verfilmung durch Steven Spielberg (1993) machten die Deextinktion, manchmal auch »Rückausrottung« genannt, weltweit populär. Die Idee stammte eigentlich von George Poinar, einem Experten für urzeitliches Kleintierleben. In Stechmücken, die in kreidezeitlichem Bernstein eingeschlossen wurden, könnten mit ein wenig Glück Blutzellen von Dinosauriern gefunden werden, spekulierte Poinar, und in diesen Dino-Zellen Bruchstücke ihrer DNA. Fast alle Wissenschaftler hielten und halten diese Idee für reine Wunschvorstellung. Das Erbgut von Dinosauriern sei einfach viel zu alt und – sollte es überhaupt gelingen, etwas davon zu finden – bei Weitem zu fragmentiert und unvollständig, um daraus Lebewesen zu erschaffen.

Für in jüngerer Zeit ausgestorbene Tiere gilt das allerdings nicht. Der Fokus der Deextinktionsforschung richtete sich deshalb schon früh auf Wollhaarmammuts, deren mehrere Zehntausend Jahre alten Kadaver, tiefgefroren im sibirischen Permafrost, hervorragend erhalten blieben. Mit der Entzifferung ihrer Erbsubstanz im Jahr 2008 wurde schon ein wichtiger erster Schritt zu einer möglichen Wiederauferstehung vollzogen. Seitdem ist es still um diese Pläne geworden.

Der Weg zum Erfolg ist weit. Die Lücken im Mammut-Erbgut – die Sequenz ihrer DNA ist nur zu 70 Prozent vollständig – müssten geschlossen werden, vermutlich mit Erbgut von Elefanten. Dann würde man sich der bereits erfolgreich praktizierten Technik des Klonens bedienen. Mammut-DNA müsste in entkernte Elefanteneizellen und die sich entwickelnden Embryonen in Elefantenleihmütter überführt werden, die die Babymammuts austragen würden.

Andere Deextinktionskandidaten, die häufig genannt werden, sind Wandertaube, Heidehuhn,

Riesenalk und Beutelwolf, die alle auf diesen Seiten vorgestellt werden. Das Verfahren wäre mehr oder weniger dasselbe. In einem Fall war man sogar schon erfolgreich – für kurze Zeit. 2003, einige Jahre nachdem der letzte Pyrenäensteinbock von einem Ast erschlagen worden war, brachte eine Leihmutter, eine Kreuzung von Steinbock und Hausziege, dessen Klon zur Welt. Er wog 4,5 Pfund und lebte zehn Minuten lang. Dann war die Art zum zweiten Mal ausgestorben.

Abgesehen von den fragwürdigen Begleitumständen des Klonens – viele Embryonen und Klone sterben oder sind krank – ist offensichtlich, dass sich in diesem Zusammenhang schwerwiegende ethische Fragen stellen. Entsprechend heftig ist die Kritik, die die Deextinktionsforschung begleitet. Wo soll diese aus dem Nirwana zurückgeholte »Nekrofauna« leben? Werden die Tiere nicht den gleichen Weg gehen wie die Originale? Geht es dabei nicht vor allem um das Ego der Forschenden? Sollte man die Mittel, die diese Forschung verschlingt, nicht besser in den Naturschutz und die Rettung noch existierender Arten investieren? Russische Wissenschaftler arbeiten zwar an einer Wiedererschaffung der Mammutsteppe, doch wer garantiert, dass die neuen Mammuts nicht in Zoos enden würden? Echte, unverfälschte Wiedergänger wären es ohnehin nicht, denn ihre DNA enthielte auch Gene moderner Elefanten, und natürlich bliebe auch die fremde Umgebung des Leihmutterorganismus nicht ohne Einfluss auf den in ihm heranwachsenden Fötus.

Von diesen Deextinktionsversuchen zu unterscheiden sind die sogenannten Abbildzüchtungen, die versuchen, mit konventionellen Methoden eine dem ausgestorbenen Vorbild äußerlich möglichst ähnliche Rasse hervorzubringen.

ELFENBEINSPECHT

Campephilus principalis

SYNONYM
Herrenspecht

VERWANDTSCHAFT
gehört zur Gattung der Langhaubenspechte (*Campephilus*) innerhalb der Familie der Spechte (Picidae)

VORKOMMEN
Südosten der USA, Kuba

AUSGESTORBEN
letzte Sichtung 1944 in Louisiana, auf Kuba in den späten 1980er-Jahren

AUSSTERBEURSACHE
Lebensraumzerstörung, Jagd

ABBILDUNG
Aquatinta, von Hand nachkoloriert, 1829

Die Hoffnung stirbt bekanntlich zuletzt, und dass dieses spektakuläre Tier vielleicht doch irgendwo im Südosten der USA oder auf Kuba überlebt haben könnte, hoffen viele Vogelfreunde, bei denen der Elfenbeinspecht einen fast mythischen Status genießt. Bislang wurden alle geweckten Erwartungen enttäuscht. Immer wieder wollten ihn kundige und weniger kundige Fans gesehen oder sein Klopfen gehört haben, mal in Florida, mal in Louisiana oder Arkansas. Schlechte Film- und Tonaufnahmen sorgten für heftige Diskussionen, und zuletzt brach im Jahr 2005 eine 800 000 Dollar teure Suchexpedition in die Sümpfe der Big-Woods-Region im östlichen Arkansas auf, um einer angeblichen Sichtung nachzugehen. Im Gedenken an den verschollenen Vogel mit der kecken roten Haube wird in diesem Bundesstaat alljährlich ein *woodpecker celebration day* begangen, und in Vorfreude auf eine baldige Wiedersehensfeier mit dem vermissten Specht, dessen Ruf sich wie eine Kindertröte anhörte, waren die Touristenzahlen um ein Drittel in die Höhe geschossen. Doch alles vergeblich, nicht einmal ein Preisgeld hat geholfen.

Von Kopfhauben- bis Schwanzspitze maß der Elfenbeinspecht mehr als 50 Zentimeter, unter den Spechten übertraf ihn nur der nah verwandte, ebenfalls ausgestorbene mexikanische Kaiserspecht. Die rote Federhaube trugen nur die Männchen, den elfenbeinfarbenen Schnabel, dem er seinen Namen verdankt, beide Geschlechter. Häufig war der Elfenbeinspecht wohl nie, doch Sammler und die Holzindustrie, die die alten Wälder fällte, ließen sich dadurch nicht aufhalten.

SPIX-ARA

Cyanopsitta spixii

Dass ausgestorbene Tiere dank moderner Computertechnik zu Helden von Real- und Animationsfilmen werden, ist heute keine Seltenheit. Doch dass das Aussterben selbst zum Thema wird, ist ungewöhnlich. In *Rio*, einem der erfolgreichsten Filme des Jahres 2011, wird die Geschichte von Blu erzählt, des letzten männlichen Spix-Aras, der in seine Heimat Brasilien zurückgebracht wird, um dort mit Jewel, einem temperamentvollen weiblichen Counterpart, seine Art zu retten. Am Ende des Films sieht man die glücklichen Vogeleltern mit drei Jungvögeln herumtollen – Art gerettet.

Die Wirklichkeit war natürlich ganz anders. Der Spix-Ara gilt laut IUCN seit 2000 als im Freiland ausgestorben – die schönen Vögel hatten im illegalen Tierhandel bis zu 60 000 US-Dollar eingebracht. Damals verschwand das letzte bekannte frei lebende Männchen spurlos, und da zuvor schon mehrere Versuche, es mit in Gefangenschaft aufgezogenen Weibchen zu verkuppeln, gescheitert waren, schien das das Ende des Spix-Aras zu sein.

Dass man dieser Tage im nordostbrasilianischen Caatinga-Gebiet trotzdem ein Happy End feiern kann, ist einer Gruppe engagierter Vogelschützer und beispiellosen Anstrengungen im Rahmen des *Spix's Macaw Action Plan* zu verdanken. Fern ihrer Heimat, in Schöneiche bei Berlin (!), wurden in Gefangenschaft gehaltene Vögel aus der ganzen Welt zusammengeführt; mit ihnen startete man ein Zuchtprogramm, das anfangs mit vielen Schwierigkeiten zu kämpfen hatte, letztlich aber erfolgreich war. Von den etwa 200 heute lebenden Vögeln wurden 50 im Jahr 2020 nach Brasilien transportiert, um sie dort ein Jahr lang in einer eigens errichteten Auswilderungsstation auf den großen Moment vorzubereiten.

VERWANDTSCHAFT
gehört innerhalb der Familie der Eigentlichen Papageien (Psittacidae) zu den Neuweltpapageien (Arini)

VORKOMMEN
Brasilien

AUSGESTORBEN
im Freiland 2000, erste Auswilderung geplant für 2021

AUSSTERBEURSACHE
Tierhandel, Lebensraumzerstörung

ABBILDUNG
Lithografie, handkoloriert, 1824

GUAM-FUCHSFÄCHERSCHWANZ

Rhipidura rufifrons uraniae

Der deutsche Evolutionsbiologe Ernst Mayr widmete den Fuchsfächerschwänzen, die diesen Namen der Färbung ihrer Schwanzfedern verdanken, eine eigene Abhandlung. In der Inselwelt des Malaiischen Archipels gaben sie für ihn ein Paradebeispiel für die Entstehung neuer Arten ab, für »aktive Evolution«. Die Stammform kam vermutlich aus Neuguinea. »Von hier«, schreibt Mayr, »kolonisierten die Tiere in mehreren Einwanderungswellen die umliegenden Inseln.« Er zählt nicht weniger als 29 Unterarten auf, darunter *uraniae* auf Guam, der Hauptinsel der Marianen, dem westlichsten Außenposten der USA.

Dort ereilte den Fuchsfächerschwanz ein in der Welt einmaliges Schicksal, das aufzuklären Jahre dauerte. Ab den 1960er-Jahren begannen sich Guams Waldvögel buchstäblich in Luft aufzulösen, erst im Süden der Insel, dann in der Mitte und schließlich auch im Norden. Mitte der 1980er-Jahre waren nicht nur die Guam-Fuchsfächerschwänze verschwunden, sondern auch alle anderen Waldvögel, was in den folgenden Jahrzehnten das gesamte Ökosystem veränderte. Eine Vogelkrankheit?

Es blieb einer jungen US-amerikanischen Doktorandin vorbehalten, dieses Rätsel zu lösen. Als Julie Savidge schließlich eine eingeschleppte Schlange als Ursache des Vogelsterbens identifizierte, wollte ihr niemand glauben. Bis ihr mit Tom Fritts ein Experte zu Hilfe kam, der auf der Insel eine der höchsten Schlangendichten der Welt feststellte. Die Braune Nachtbaumnatter (*Boiga irregularis*) war in Kisten mit militärischem Gerät von den Admiralitätsinseln nördlich von Neuguinea nach Guam gelangt und hatte sich vom Flughafen aus unbemerkt über die ganze Insel ausgebreitet.

VERWANDTSCHAFT
gehört zur Familie der Fächerschwänze (Rhipiduridae) innerhalb der Rabenvögel im weiteren Sinne (Corvoidea)

VORKOMMEN
Guam, Marianen

AUSGESTORBEN
1984

AUSSTERBEURSACHE
invasive Arten (Braune Nachtbaumnatter)

ABBILDUNG
Lithografie, handkoloriert, zwischen 1882 und 1888

SCHUPPENKEHLMOHO

Moho braccatus

SYNONYME
Kauai-Krausschwanz,
Kaua'i 'O'o

VERWANDTSCHAFT
Gattung der Krausschwänze (*Moho*) innerhalb der auf Hawaii endemischen Familie der Mohoidae

VORKOMMEN
Kaua'i, Hawaii

AUSGESTORBEN
zuletzt gehört 1987

AUSSTERBEURSACHE
Lebensraumzerstörung, Jagd, Vogelmalaria

ABBILDUNG
Lithografie, handkoloriert, 1890

Hawaii hatte und hat neben den Kleidervögeln (S. 97 f.) weitere ornithologische Kostbarkeiten zu bieten, zum Beispiel die Krausschwänze, deren schwarze und gelbe Federn für Prachtgewänder ranghoher Adliger von der polynesischen Urbevölkerung sehr geschätzt wurden. Alle vier Arten sind ausgestorben, doch was nun den Ausschlag für ihr Verschwinden gab, ist kaum noch zu rekonstruieren. Sie wurden gejagt, man fällte ihre Wälder, setzte ihnen neue Tier- und Pflanzenarten vor den Schnabel und bescherte ihnen schließlich mit der Vogelmalaria eine tödliche Krankheit, die sie hinauf in die Berge abdrängte, wo es kaum noch Baumhöhlen gab, in denen sie brüten konnten.

Der letzte der vier Krausschwänze war der Schuppenkehlmoho, der nur auf der Insel Kaua'i lebte, ein Insektenfresser. Die Einheimischen nannten ihn wegen seines Gesangs »'O'o«, und wer auf YouTube nach dem Kaua'i 'O'o sucht, kann sich heute noch seinen schönen flötenden Gesang anhören. Mehr als 1,2 Millionen Menschen haben das bisher getan und seitenlang Kommentare hinterlassen, aus denen Traurigkeit und Betroffenheit sprechen. Zu hören ist nämlich die Stimme des letzten Männchens – ein Endling, der noch jahrelang erfolglos in den stillen Wald hinausrief, nachdem seine Gefährtin infolge eines Hurrikans verschollen war. Beim Kaua'i 'O'o war gelungen, was sonst meist fehlschlägt: die Suche nach einem schon ausgestorben geglaubten Vogel. In einem Sumpfgebiet waren Forscher auf eine kleine überlebende Population gestoßen. Doch die Freude währte nur kurz. Seit 1987 ist der Gesang des letzten Schuppenkehlmohos nur noch als Tonkonserve zu hören.

FISCHE

Fische sind mit mehr als 34 600 beschriebenen Arten die mit Abstand größte und älteste Wirbeltiergruppe. Knorpelfische lebten schon vor über 400 Millionen Jahren, Fossilien der Knochenfische sind mit maximal 220 Millionen Jahren deutlich jünger. Gut die Hälfte der rezenten Arten lebt im Meer, die andere Hälfte im Süßwasser, und das, obwohl nur etwa drei Prozent des Wassers in Seen, Flüssen und Teichen gebunden sind. Zu den Knorpelfischen (Haie, Rochen und Chimären), deren Skelett nicht verknöchert ist, zählen gut 1200 Spezies, darunter der größte heute lebende Fisch, der Walhai. Mehr als 33 000 Arten gehören zu den in allen aquatischen Lebensräumen der Erde vorkommenden Knochenfischen.

Insgesamt ist das biologische System der Fische noch immer in Bewegung, weil laufend neue Arten entdeckt und alte umbenannt oder in andere Verwandtschaftskreise gestellt werden. Die IUCN hat fast 40 Prozent der Arten noch gar nicht in ihre Listen aufgenommen, weil das Wissen über diese Tiere unzureichend ist. Eine unbekannte Zahl gilt als verschollen und ist vermutlich ausgestorben. Für den Verlust an Arten gibt es daher keine zuverlässigen Zahlen. Ohne Zweifel sind es viel mehr als die 80, die bisher als ausgestorben eingestuft wurden.

GRAVENCHE

Coregonus hiemalis

Aussterben, so denkt man, findet in der heutigen Zeit an weit entfernten, lange unberührten exotischen Orten und auf abgelegenen Inseln statt. Wer bei uns, im dicht besiedelten Europa, mit der Welt der Menschen nicht zurechtkam, schied schon vor Jahrhunderten dahin.

Dass dem nicht so ist, beweist die Gravenche (Mitte links), ein etwa 30 Zentimeter langer Bodenfisch mit großen Augen, der in den Tiefen des Genfer Sees zu Hause war und sich von Planktonorganismen ernährte. Zum Laichen begab er sich in flachere Zonen des Sees.

Groß scheint das wissenschaftliche Interesse an dieser Fischart nicht gewesen zu sein. Sogar die bedeutendsten naturgeschichtlichen Museen der Welt besitzen nicht ein einziges konserviertes Exemplar. Oder kam das Aussterben der Gravenche zu plötzlich? War es für die Menschen schlicht nicht vorstellbar, dass eine derart häufige Art einmal restlos verschwinden könnte? Ende des 19. und Anfang des 20. Jahrhunderts stellte die Gravenche zusammen mit der ebenfalls ausgestorbenen Féra (oben) noch einen bedeutenden Teil der im Genfer See gefangenen Fische. Sie war ein beliebter Speisefisch, und die Menschen hielten ihre Existenz für selbstverständlich, die Ressourcen für unerschöpflich. Oder war vielleicht wie in anderen Seen die Überdüngung des Wassers schuld?

Ob die Gravenche tatsächlich ausgestorben ist, lässt sich in einem so großen See nicht beweisen; die Experten gehen aber davon aus, weil man sie sonst in den regelmäßig durchgeführten Erhebungen sicher gefunden hätte. Süßwasserfischen geht es generell nicht besonders gut. Ein Drittel aller europäischen Arten ist vom Aussterben bedroht.

SYNONYME
Kleine Fera, Kilch

VERWANDTSCHAFT
Familie der Lachsfische (Salmonidae)

VORKOMMEN
Genfer See – Schweiz, Frankreich

AUSGESTORBEN
ca. 1950

AUSSTERBEURSACHE
Überfischung, Eutrophierung

ABBILDUNG
Chromolithografie, 1908

BODENSEE-KILCH

Coregonus gutturosus

VERWANDTSCHAFT
Familie der Lachsfische (Salmonidae)

VORKOMMEN
Bodensee – Deutschland, Österreich, Schweiz

AUSGESTORBEN
in den frühen 1970er-Jahren

AUSSTERBEURSACHE
Eutrophierung

ABBILDUNG
Holzschnitt, handkoloriert, 1558

In mehreren der großen und tiefen Seen der Alpen und des Alpenvorlandes gibt es Fischarten, die der Gravenche (S. 112) sehr ähnlich sind und für die eine Vielzahl von lokal gebräuchlichen Bezeichnungen existiert. Man nennt sie unter anderem »Coregonen«, »Renken«, »Felchen« oder »Kilche«. Äußerlich sind die Tiere kaum auseinanderzuhalten; ob es sich in allen Fällen um echte Arten handelt, ist fraglich. Neben dem Bodensee-Kilch gibt es auch einen Ammersee- und einen Chiemsee-Kilch. Da auch die Gravenche gelegentlich als »Kilch« bezeichnet wurde, war das terminologische Durcheinander perfekt.

Viele dieser Arten waren beliebte Speisefische, die vor allem im 19. und frühen 20. Jahrhundert intensiv ausgebeutet wurden. Doch nicht nur für den Bodensee-Kilch war wohl eine andere Entwicklung bedeutsamer: der stark zunehmende Eintrag von Phosphaten, die aus Düngemitteln und Abwässern stammten. Er erreichte 1979 seinen Höhepunkt und führte zu einer drastischen Verschlechterung der Wasserqualität. Durch das starke Algenwachstum sank der Sauerstoffgehalt vor allem in den tieferen Wasserschichten und am Seeboden, dem Lebensraum der Kilche, die dort nach Muscheln und Schnecken suchten. Ihre Eier konnten sich unter diesen Umständen kaum noch entwickeln.

Mit der Verbesserung der Wasserqualität erholten sich auch einige Fischarten. Für den Bodensee-Kilch gilt das leider nicht: Die IUCN stuft ihn als ausgestorben ein. Doch nachdem Schweizer Forscher 2016 den ebenfalls jahrelang verschollenen Bodensee-Tiefwassersaibling wiederfanden, gibt es neue Hoffnung, dass auch der Kilch überlebt haben könnte.

FURU

Haplochromis

VERWANDTSCHAFT
gehört zu den Haplochromini innerhalb der Familie der Buntbarsche (Cichlidae)

VORKOMMEN
Viktoriasee, Afrika

AUSGESTORBEN
ab den 1970er-Jahren

AUSSTERBEURSACHE
invasive Arten (Nilbarsch)

ABBILDUNG
Lithografie, 1907

Hier geht es nicht um eine Art, sondern um einen Artenschwarm. »Furus« nennen die Einheimischen die meist kleinen Buntbarsche, die nur im afrikanischen Viktoriasee leben. Sie sind das Ergebnis einer adaptiven Radiation, einer durch Anpassung an diverse ökologische Nischen erfolgten Aufspaltung in neue Arten. Der Viktoriasee war vor 12 000 Jahren vollständig ausgetrocknet, die Furus sind also sehr junge Arten. Der Grad ihrer Spezialisierung war atemberaubend; so gab es Arten mit schiefen Mäulern, die anderen Fischen ausschließlich die Schuppen der rechten beziehungsweise linken Körperseite abfraßen. 500 verschiedene Furus könnte es einmal gegeben haben, aber niemand weiß das so genau, denn niederländische Zoologen waren gerade dabei, eine Bestandsaufnahme vorzunehmen, als die Fauna des Sees sich radikal zu verändern begann.

Schuld war ein großer Raubfisch, den wir heute als »Viktoriabarsch« kennen, obwohl er eigentlich »Nilbarsch« heißt und erst in den 1950er-Jahren im Viktoriasee ausgesetzt wurde. Er sollte den *trash fish*, den »Müllfisch« des Sees – gemeint waren die grätenreichen Furus –, in kommerziell verwertbares Fischfleisch umwandeln. Die Operation gelang, doch der Geldsegen regnete auf die Besitzer der Fangschiffe nieder, nicht auf die armen Anwohner des Sees. Und die ökologischen Folgen waren verheerend, denn die Bestände fast aller endemischen Fischarten des Sees gingen drastisch zurück, allen voran die der Furus, die von den Nilbarschen aufgefressen und verdrängt wurden. Erst Jahre später konnten sich einige davon erholen. Auch vollkommen neue Formen tauchten auf. Wie viele verloren gingen, weiß niemand.

AMPHIBIEN & REPTILIEN

Amphibien, die vierte große Gruppe der Landwirbeltiere, sind zur Fortpflanzung noch auf Wasser angewiesen und besitzen kein Amnion. Aus den Eiern schlüpfen aquatisch lebende, über Kiemen atmende Larven, die sich mittels einer Metamorphose zum vierfüßigen, lungenatmenden Frosch oder Lurch umwandeln.

Keine andere Wirbeltiergruppe steht heute derart unter Druck wie die Amphibien. Man kennt über 8300 Arten, doch ein Drittel davon ist gefährdet oder vom Aussterben bedroht. 35 Spezies gelten als ausgestorben. Die tatsächliche Zahl dürfte aber deutlich höher liegen, weil viele Arten verschollen sind und seit Langem nicht mehr gesehen wurden.

Was Reptilien sind, weiß jeder – oder glaubt es zu wissen: Schlangen, Echsen, Krokodile und Schildkröten. Biologen haben den Begriff »Reptilien« jedoch aus ihrem Repertoire gestrichen, und wenn sie ihn doch verwenden, verstehen sie darunter etwas anderes als Nichtfachleute. Folgten sie weiter der alten Terminologie, würden sie mit ihren eigenen Regeln in Konflikt geraten.

Wenn Tier- und Pflanzenarten in Gruppen, sogenannten Taxa, zusammengefasst werden, wird eine Einteilung angestrebt, die die tatsächlichen Verwandtschafts- und Abstammungsverhältnisse widerspiegelt. Das Taxon soll alle vom letzten gemeinsamen Vorfahren abstammenden Arten enthalten – und ausschließlich diese – sowie die Stammart selbst. Ein solches Taxon nennen die Fachleute »monophyletisch«.

Die Klasse der Reptilien, so wie sie üblicherweise verstanden wird, erfüllt diese Kriterien nicht. Denn spätestens seit den 1990er-Jahren wissen wir, dass Vögel direkte Nachfahren kleiner

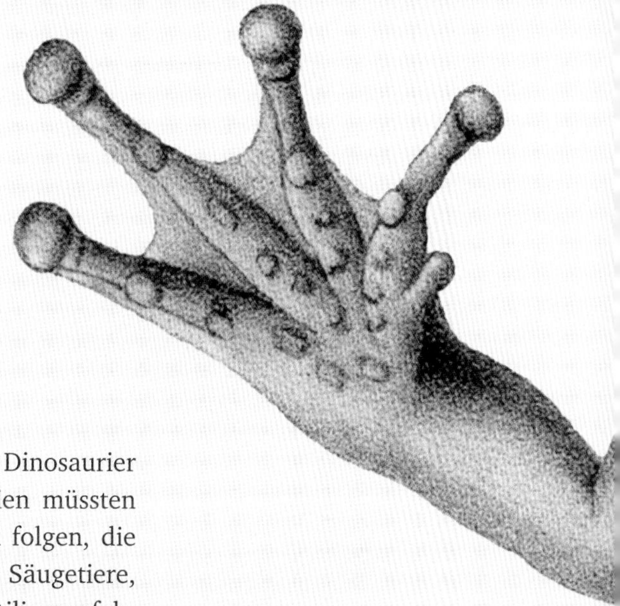

zweibeiniger, gefiederter Raubdinos und somit selbst Dinosaurier sind, so wie wir Menschen Säugetiere. Die Reptilien müssten also, würde man dem terminologischen Regelwerk folgen, die Vögel mit einschließen, im Grunde sogar auch die Säugetiere, denn die stammen gleichfalls von noch älteren Reptilienvorfahren ab. Was nun?

Entweder verwendet man den Terminus »Reptilien« weiter und schließt die Vögel mit ein – das ist der Weg, der häufig im angelsächsischen Sprachraum beschritten wird, mit dem Resultat, dass Laien und Fachleute heute über unterschiedliche Dinge reden, wenn sie den Ausdruck verwenden. Das ist nicht schön. Oder man prägt neue Begrifflichkeiten, was Biologinnen und Biologen natürlich getan haben. Eine reelle Chance, dass sie in den allgemeinen Sprachgebrauch übernommen werden könnten, bestand aber wohl nie – auch keine ideale Lösung.

Sprechen wir also von »Reptilien im alten Sinn« und schließen die Vögel aus. Es sind echte Landtiere, die zwar Eier legen, in ihrer Fortpflanzung aber wie die Vögel nicht mehr auf Gewässer angewiesen sind. Aus den Eiern schlüpfen fertige Reptilien i. a. S. Ihr Körper ist weder von Haaren noch von Federn bedeckt (da alle gefiederten Dinosaurier außer den Vögeln ausgestorben sind), sondern von Hornschuppen, die sich außer bei Krokodilen und Schildkröten dachziegelartig überlappen.

Heute sind mehr als 11 400 Arten bekannt; es werden allerdings jedes Jahr mindestens 100 weitere beschrieben, sodass die Gesamtartenzahl weiter wachsen wird. 30 sind ausgestorben, viele sind verschollen, und für etwa ein Drittel der Arten lässt die schlechte Datenlage keine Einschätzung zu.

PINTA-RIESEN-SCHILDKRÖTE

Chelonoidis nigra abingdonii

VERWANDTSCHAFT
Familie der Landschildkröten (Testudinidae)

VORKOMMEN
Galapagosinsel Pinta, Ecuador

AUSGESTORBEN
vor 1970

ENDLING
Lonesome George, starb am 24.06.2012 in Puerto Ayora auf der Galapagosinsel Santa Cruz

AUSSTERBEURSACHE
invasive Arten (Ziegen), Jagd

ABBILDUNG
Chromolithografie, 1883

Die Nachricht ging um die Welt: Lonesome George ist tot! Das Aussterben hatte ein neues Gesicht bekommen, das einer Galapagos-Riesenschildkröte, die fast die Hälfte ihres gut 100-jährigen Lebens in einem kleinen Gehege auf dem Gelände der Charles-Darwin-Forschungsstation auf Santa Cruz zubrachte. 1971 hatte man George auf seiner von Ziegen kahl gefressenen Heimatinsel Pinta als letzten lebenden Vertreter seiner Art entdeckt und ein Jahr später evakuiert.

Was wurde nicht alles versucht, um ihn zur Fortpflanzung zu bewegen. Da es auf Pinta keine Schildkröten mehr gab, hatte man in Zoos nach einer Partnerin gesucht und sogar eine Belohnung von 10 000 US-Dollar ausgesetzt. In einer Art Verzweiflungsakt präsentierte man ihm schließlich zwei Weibchen der Isabela-Unterart – vergeblich. Würden ihn vielleicht kopulierende Paare im Nachbargehege stimulieren? Keine Reaktion. Eine Praktikantin rieb sich täglich die Hände mit dem Vaginalsekret der Schildkrötendamen ein, was ihn tatsächlich zu erregen schien. Aber es geschah nichts. Erst Jahre später kamen doch ein paar Gelege zustande. Lonesome George blieb trotzdem bis zum Schluss der Einzige seiner Art. Die Eier entwickelten sich nicht.

Auf jeder größeren Insel des Galapagos-Archipels gab es früher mindestens eine endemische Spezies der Riesenschildkröten, insgesamt 15. Mit dem Tod von Lonesome George sind nun vier davon ausgestorben; allerdings hat man auf Isabela Tiere gefunden, die viele Gene seiner Abstammungslinie in sich tragen. George selbst wurde in New York einbalsamiert, im American Museum of Natural History ausgestellt und dann nach Santa Cruz zurückgebracht.

KAPVERDISCHER RIESENSKINK

Chioninia coctei

Trotz ihres irgendwie gefährlich klingenden Namens sind Skinke für Menschen harmlose Echsen, die in großer Artenzahl den Tropengürtel der Erde bewohnen. Wegen ihrer kurzen Beine bewegen sie sich schlängelnd fort; viele Arten sind mithilfe ihres Schwanzes gute Kletterer, die auf Bäumen leben.

Ein außergewöhnlich großer Skink lebte einst auf den Kapverden vor der afrikanischen Westküste, in historischer Zeit kam er aber nur noch auf den kleinen Felseninseln Raso und Branco vor. In Gefangenschaft ernährte man die Tiere, die fast 50 Zentimeter groß wurden, vegetarisch, was auch der Beschaffenheit ihres Gebisses entsprach; in ihrem natürlichen Lebensraum lebten sie aber vergesellschaftet mit Seevögeln, fraßen deren Eier und Küken und verschmähten auch tote Vögel nicht. Die Menschen auf den Kapverden beschrieben die Tiere als weitgehend nachtaktiv, tagsüber hätten sie sich in Felsspalten mitten in den Vogelkolonien verborgen.

Vermutlich starben die lebendgebärenden Riesenskinke bereits in der ersten Hälfte des 20. Jahrhunderts aus. Als der deutsche Herpetologe Hans-Hermann Schleich 1979 und 1981 intensiv nach ihnen suchte, fand er jedenfalls keinerlei Hinweise auf ihre Existenz. Auf den größeren Inseln waren Ratten, Hunde und Katzen als neue Konkurrenten und Fressfeinde aufgetreten, und auch die Menschen hatten die Echsen gejagt, um sie in schlechten Zeiten zu essen oder als Haustiere zu verkaufen. Aus ihrem fetthaltigen Fleisch hatten sie Salben gegen Gelenkerkrankungen hergestellt. Die Population der Riesenskinke war wohl zu klein und die Zahl ihrer Nachkommen zu gering, um diese Belastung auf Dauer auszuhalten.

VERWANDTSCHAFT
Familie der Skinke (Scincidae) innerhalb der Schuppenkriechtiere (Squamata)

VORKOMMEN
Kapverden

AUSGESTORBEN
letzte Sichtung 1912

AUSSTERBEURSACHE
invasive Arten, Jagd

ABBILDUNG
Lithografie, handkoloriert, 1884

GOLDKRÖTE UND MAGENBRÜTERFROSCH

Incilius periglenes und Rheobatrachus

Dass von diesen beiden Amphibienarten keine historischen Darstellungen existieren und als Platzhalter der im 19. Jahrhundert ausgestorbene *Rana brama* (unten rechts) fungiert, hat einen einfachen Grund: Magenbrüterfrösche und Goldkröten wurden erst in der zweiten Hälfte des 20. Jahrhunderts entdeckt – um bald darauf auf der Liste ausgestorbener Tierarten zu landen.

Die quietschgelbe Goldkröte lebte nur im Nebelwald von Monteverde in Costa Rica und wurde zu einem Symbol für das weltweit grassierende Amphibiensterben. Die einen sehen in ihr ein Opfer des Klimawandels, weil Wolken sich mit steigenden Temperaturen und zunehmender Dürre erst in größerer Höhe bilden. Die Baumkronen stehen immer häufiger im Trockenen, und der Dschungel verliert seinen Charakter als Nebelwald. Andere sind davon überzeugt, dass auch hier der aktuelle Top-Amphibienkiller zugeschlagen habe, der Töpfchenpilz *Batrachochytrium dendrobatidis*. Er wurde mit Krallenfröschen, die für Schwangerschaftstests genutzt werden, weltweit verschleppt.

In Australien wütete der Pilz besonders schlimm, und vermutlich war er auch am Aussterben der Magenbrüterfrösche beteiligt. Diese kleinen Amphibien taten genau das, was ihr Name vermuten lässt: Die Eier wurden vom Weibchen verschluckt, entwickelten sich in seinem Magen und schlüpften als fertige Minifrösche aus seinem Maul. Forschern ist es gelungen, tiefgefrorene Genome dieser Frösche in entkernte Eizellen einer verwandten Art zu transferieren und so zum ersten Mal geklonte Embryonen einer ausgestorbenen Tierart zu erzeugen. Sie kamen allerdings nicht über ein Frühstadium hinaus.

VERWANDTSCHAFT
Familie der Kröten (Bufonidae) bzw. Familie der Australischen Südfrösche (Myobatrachidae)

VORKOMMEN
Costa Rica bzw. subtropisches Australien

AUSGESTORBEN
in den 1980er-Jahren

ENDLING
namenloser Endling der Magenbrüterfrösche starb 1984 in Gefangenschaft

AUSSTERBEURSACHE
Pilzkrankheit Chytridiomykose, Klimawandel?

ABBILDUNG
Lithografie, handkoloriert, 1833

WIRBELLOSE

Wenn man von Tieren spricht, sind meistens nicht sie gemeint: die Wirbellosen – ein gewaltiges, überaus heterogenes Sammelsurium unterschiedlichster Lebewesen, vom Käfer bis zum Regenwurm, vom Korallenpolypen bis zum Seestern, die im Wesentlichen nur eins gemeinsam haben: keine Wirbelsäule zu besitzen. Wenn dieses Buch nur annähernd die Verhältnisse in der Natur widerspiegeln sollte, müsste es ausschließlich Insekten, Krebse, Fadenwürmer, Quallen, Tintenfische und Schnecken präsentieren und vielleicht, um sie nicht ganz unter den Tisch fallen zu lassen, eine Säugetier- oder Vogelart. Denn Wirbellose machen über 90, vielleicht 99 Prozent aller Tierarten aus. Von einer vollständigen Erfassung sind wir weit entfernt. Allein die Käfer bringen es auf 5, möglicherweise 20 oder gar 50 Mal so viele Arten wie alle Fische, Vögel, Säuger, Amphibien und Reptilien zusammen.

Wie viele es genau sind? Wir wissen es nicht und werden es vermutlich auch nie erfahren. Die Schätzungen gehen weit auseinander. Sicher sind es etliche Millionen. Dabei sind sie so unterschiedlich, wie Lebewesen nur sein können, sodass eine genauere Charakterisierung hier gar nicht möglich ist. Von alten Meistern gemalt oder gezeichnet und aus heutiger Sicht korrekt benannt wurden nur wenige. Zwei Falter, ein Käfer, eine Heuschrecke und eine Gruppe von Schnecken stehen im Folgenden für das Riesenheer der ausgestorbenen wirbellosen Tierarten der Erde. Die meisten dürften verschwunden sein, bevor wir sie entdeckt, benannt und erforscht haben.

URANIAFALTER

Urania sloanus

VERWANDTSCHAFT
gehört zur Familie der Uraniafalter (Uraniidae) innerhalb der Schmetterlinge (Lepidoptera)

VORKOMMEN
Jamaika

AUSGESTORBEN
letzte Sichtung 1895

AUSSTERBEURSACHE
Lebensraumzerstörung, Verlust der Nahrungspflanze?

ABBILDUNG
Radierung, handkoloriert, 1837

Philip Henry Gosse (1810–1888) wurde vor allem als Gründer des ersten öffentlichen Aquariums bekannt, als Naturkundler beschäftigte er sich aber mit vielen unterschiedlichen Forschungsgebieten und hinterließ ein umfangreiches Werk. Dazu gehört eine dreibändige Abhandlung über seine Zeit auf der Karibik-Insel Jamaika, wo er ab 1844 für 18 Monate in Diensten eines naturkundlichen Sammlers und Händlers stand. In dieser Zeit lernte er den Uraniafalter (oben) kennen – »*lovely* Urania sloanus«, wie er schrieb.

Als er sich 35 Jahre später daheim in England fragte, ob diese Falter »noch immer mit ihrer Tracht aus Grün, Purpur und Gold in den prächtigen Wäldern Jamaikas glitzern«, antwortete ihm Reverend J. L. Mais: »Es war gegen fünf Uhr nachmittags, als meine Aufmerksamkeit plötzlich auf den Ast eines Mangobaums gelenkt wurde, der keine sechs Fuß über dem Boden hing, beladen mit Blüten und buchstäblich lebendig von schönem Insektenleben. Ich traute meinen Augen nicht. […] Sie erwiesen sich als *Uraniae* in absolut perfektem Zustand, offenbar gerade aus der Puppe geschlüpft. Es waren ungefähr fünfzig von ihnen, auf einer Fläche von knapp zwei Quadratmetern, die um den Ast herumflogen, sich auf Blättern niederließen und ihre großartigen Flügel ausbreiteten […].«

In den 1870er-Jahren gab es die endemischen Nachtfalter also noch in großer Zahl, doch die Bestände schwanken natürlicherweise sehr stark. Um die Jahrhundertwende verschwand der schöne Falter und ward dann nie wieder gesehen. Warum? Seine Raupen lebten an bestimmten Wolfsmilchgewächsen. Waren die Nahrungspflanzen zu selten geworden? Wir wissen es nicht.

KURZFLÜGELKÄFER

Darwinilus sedarisi

VERWANDTSCHAFT
Familie der Kurzflügelkäfer (Staphylinidae)

VORKOMMEN
Bahía Blanca, Argentinien

AUSGESTORBEN
vermutlich im Verlauf des 20. Jahrhunderts

AUSSTERBEURSACHE
Lebensraumzerstörung

ABBILDUNG
Chromolithografie, 1909

Normalerweise erhalten Tierarten wenige Jahre nach ihrer Entdeckung ihren wissenschaftlichen Namen und werden in allen Einzelheiten beschrieben. Bei dieser hier vergingen aber fast 200 Jahre. Warum?

Charles Darwin war, schon bevor er berühmt wurde, ein leidenschaftlicher Käfersammler. Kein Wunder also, dass er von seiner Reise mit der HMS *Beagle* Tausende von Käfern mitbrachte, darunter auch ein für einen Kurzflügler überaus stattliches Exemplar aus Argentinien mit blau schimmerndem Kopf und Halsschild. Darwin gab ihm die Nummer 708. Leider ging das Tier verloren, deshalb gibt es keine zeitgenössische Abbildung; wir zeigen eine Kollektion einheimischer Arten, um eine Vorstellung davon zu vermitteln, wie Nr. 708 aussah. 180 Jahre lang blieb das Tier verschollen. Auch wenn man gewusst hätte, dass sich der Käfer wie die anderen von Darwin gesammelten Exemplare noch im Londoner Natural History Museum befand, wäre es wohl aussichtslos gewesen, ihn zu suchen. Die Sammlung umfasst zehn Millionen Käfer, die in 22 000 Insektenkästen aufbewahrt werden.

Doch dann, im Jahr 2008, geschah das Wunder: Ein Taxonom aus Chattanooga, Tennessee, forderte vom Museum Käfer einer bestimmten Verwandtschaftsgruppe an, und siehe da: Mittendrin in der aus London versandten Käferkollektion steckte Nr. 708, was dem Mann sofort auffiel, denn das Tier stach heraus. Weil der große Darwin es gesammelt hatte und er beim Arbeiten gern Hörbücher von David Sedaris hörte, taufte der Taxonom es auf den Namen *Darwinilus sedarisi*. Im Freiland ist der Käfer vermutlich ausgestorben. Der Fundort, Bahía Blanca, sieht heute mit der gleichnamigen Großstadt völlig anders aus als zu Darwins Zeiten.

AUSSTERBEN HEUTE – DEFAUNATION

Wir erleben dieses traurige Schauspiel fast jedes Jahr und haben uns daran gewöhnt: Naturschutzverbände und -organisationen geben die neuen Zahlen bekannt, und obwohl es durchaus auch erfreuliche Erfolge zu verzeichnen gibt, wird die Zahl der gefährdeten und vom Aussterben bedrohten Tier- und Pflanzenarten immer größer. Auch im neuesten *Living Planet Report* des World Wide Fund for Nature (WWF) kennen die präsentierten Kurven, die die biologische Vielfalt unseres Planeten abbilden, nur eine Richtung: abwärts, zum 13. Mal in Folge. Die Zerstörung der Lebensräume durch Landwirtschaft, Waldvernichtung, Bergbau und Urbanisierung, Jagd, Fischerei, biologische Invasionen und Verschmutzung vor allem auch durch das Ausbringen von Pestiziden hat die Organismenwelt der Erde in das sechste globale Massenaussterben getrieben. Jährlich verliert der Planet zwischen 11 000 und 58 000 Tierarten. Wenn nicht entschieden gegengesteuert wird, könnten aktuellen Studien zufolge in den kommenden Jahrzehnten bis zu eine Million Arten aussterben. Dazu kommt der Klimawandel, der den bereits schwer angeschlagenen Lebensgemeinschaften weiter zusetzen wird. Es hilft kein Drumherumreden: Die Bilanz des Menschenzeitalters, des Anthropozäns, für die Tiere und Pflanzen unseres Planeten ist niederschmetternd.

Dabei wurde in den letzten Jahren immer deutlicher, dass die Fixierung auf seltene und gefährdete Arten allein die erschütternde Dimension dieser Vorgänge nur unzureichend erfasst. Denn die Tierwelt geht in ihrer ganzen Breite zurück, und dies in einem Maße, dass Begriffe wie »Defaunation« oder »biologische Vernichtung« (*biological annihilation*) geprägt wurden, um die Dramatik dieses Geschehens zu beschreiben. Die Vogelpopulation in Deutschland hat sich in den letzten 40 Jahren halbiert, in der Agrarlandschaft der EU leben heute 300 000 Brutpaare weniger als noch 1980. Sogar häufige »Allerweltsarten« wie Star und Sperling finden sich in manchen Ländern auf den Roten Listen wieder. Ein Grund dafür dürfte auch das sogenannte Insektensterben sein, das in Deutschland entdeckt, mittlerweile aber auch in anderen Ländern bestätigt wurde. Die Ozeane sind leer gefischt, die Bestände großer Raubfische wie Haie verzeichnen katastrophale Einbrüche. Die Zahl der Seevögel ist seit 1950 um 70 Prozent zurückgegangen. Jagd und Wilderei haben in Asien, Afrika und Südamerika so viele Großtiere getötet, dass selbst dort, wo Regenwald noch existiert, der gespenstische Begriff der *empty forests* die Runde macht.

In den Worten des Evolutionsbiologen Matthias Glaubrecht heißt »Defaunation« konkret: »Rund die Hälfte aller Tiere, die mit uns die Erde bewohnten […], haben wir ausgerottet.« Seit 1980 ist allein die Zahl der Wirbeltiere – der Individuen, nicht der Arten – global um zwei Drittel dezimiert worden, in Südamerika und der Karibik sogar um 94 Prozent.

Legte man die Säugetiere dieser Welt auf eine riesige Waage, würde man feststellen, dass das Gewicht aller Wildtiere zusammen, von der Spitzmaus bis zum Blauwal, nur noch einen geringen Teil der Biomasse ausmacht: ganze vier Prozent. Allein die fast acht Milliarden Menschen wiegen das Achtfache, ihre Nutztiere noch einmal doppelt so viel. Die Welt von heute gehört den Menschen, ihren Rindern und Schafen.

Doch wie lange noch? Glaubt jemand im Ernst, dass es so weitergehen kann, dass es für die Menschheit auf einem derart verarmten und degradierten Planeten eine lebenswerte Zukunft gibt? Edward O. Wilson fordert, die Hälfte des Planeten unter Schutz zu stellen, die UN strebt 30 Prozent an. Davon sind wir heute weit entfernt. Dabei ist es die organismische Vielfalt, die Ökosystemen Stabilität und Resilienz verleiht, also die Fähigkeit, nach Störungen wieder in den Ausgangszustand zurückzukehren. »Das Artensterben zu ignorieren ist der vielleicht größte Fehler der Menschheit«, stellt Matthias Glaubrecht fest. Mit dem kleinen, isolierten Naturschutzgebiet inmitten einer monotonen Agrarlandschaft ist es jedenfalls nicht mehr getan.

ZESTOS-DICKKOPFFALTER

Epargyreus zestos

Die Dickkopffalter sind eine große Schmetterlingsfamilie mit weltweiter Verbreitung. Die meisten Arten leben in den Tropen, vor allem in Süd- und Mittelamerika. Namensgebendes Merkmal ist der verhältnismäßig große Kopf der Falter, die sich von Blütennektar ernähren.

Die Weibchen der *zestos skipper*, wie *Epargyreus zestos* im Englischen genannt wird, legen ihre Eier einzeln an bestimmten Schmetterlingsblütlern ab, wo sich die Raupe dann nach dem Schlüpfen aus den Blättern ihrer Nahrungspflanze ein Versteck zusammenspinnt, in dem sie frisst und sich auch verpuppt.

Absolut sicher kann man sich bei Insekten nie sein; nachdem aber seit fast zehn Jahren keiner dieser Falter mehr gesehen wurde, erklärte der U.S. Fish and Wildlife Service diese und eine weitere Art 2013 für ausgestorben. Zwar schwanken die Bestände der Falter natürlicherweise stark, doch wenn kleine Populationen zusätzlich von Hurrikans oder Dürren getroffen werden, kann es mit einer Art gleichsam über Nacht zu Ende gehen. Der Zestos-Dickkopffalter lebte zuletzt nur noch auf den Florida Keys, auf dem Festland gab es schon lange keine Sichtungen mehr. Als sich aber herausstellte, dass diese Falter eine eigene Unterart bildeten, die nur in Florida vorkam, war es schon um sie geschehen.

Die Behörden zeigten sich besorgt, weil die »Bestäuberkrise« sich dadurch weiter verschärfe. Oft wird vergessen, dass auch Schmetterlinge als Blütenbesucher für viele Pflanzen Bestäuberdienste übernehmen. Dabei legen sie sogar weitere Wege zurück als Bienen, die ja immer zurück in ihren Stock fliegen müssen.

VERWANDTSCHAFT
Familie der Dickkopffalter (Hesperiidae)

VORKOMMEN
Florida

AUSGESTORBEN
keine Sichtung seit 2004

AUSSTERBEURSACHE
Lebensraumzerstörung, Pestizide

ABBILDUNG
Kupferstich, handkoloriert, 1832

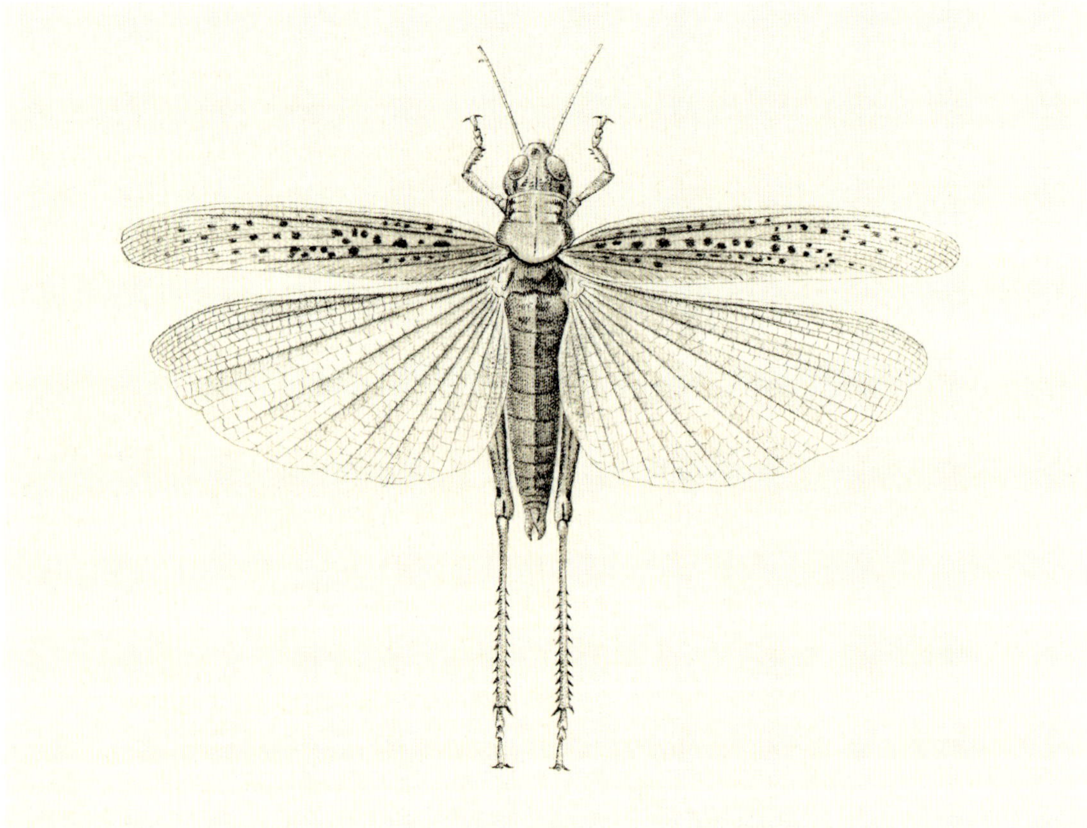

FELSENGEBIRGS-SCHRECKE

Melanoplus spretus

SYNONYM
Rocky-Mountain-Heuschrecke

VERWANDTSCHAFT
Familie der Feldheuschrecken (Acrididae)

VORKOMMEN
westliches Nordamerika

AUSGESTORBEN
letzte Sichtung 1902

AUSSTERBEURSACHE
Lebensraumzerstörung?

ABBILDUNG
Flachdruck, 1878

Heimsuchungen durch Schwärme von gefräßigen Heuschrecken, die ganze Landschaften kahl fressen, gab und gibt es nicht nur in Afrika. Auch in Nordamerika lebte mit der Felsengebirgsschrecke ein großes Insekt, das gelegentlich in unvorstellbaren Massen auftrat. Berühmt ist *Albert's swarm*, der 1875, im »Grashüpfer-Jahr«, über den Westen der USA hinwegzog. Benannt wurde er nach Albert Child, der aus der Geschwindigkeit, mit der der Schwarm in fünf Tagen Plattsmouth, Nebraska, überquerte, seine unfassbaren Dimensionen berechnete: Er maß circa 520 000 Quadratkilometer – größer als Kalifornien – und soll aus etwa 13 Billionen Tieren bestanden haben. Die Heuschrecken fraßen alles, was auf Äckern und in Gärten wuchs, aber auch Leder, Holz, Wolle, sogar die draußen zum Trocknen aufgehängte Wäsche. Die Schäden waren immens. Tausende von Farmern mussten aufgeben.

Nur 30 Jahre später war die Felsengebirgsschrecke ausgestorben, und natürlich weinte ihr keiner eine Träne nach. Vermutlich waren es die Farmer selbst, die durch Bewässerung und die landwirtschaftliche Umgestaltung von Flusstälern, ohne es zu ahnen, die Brutgebiete der Insekten zerstört hatten. Man glaubt es kaum, aber von diesen einst massenhaft auftretenden Tieren sind zu wenige gesammelt worden, um an ihnen aussagefähige Forschung betreiben zu können. Erst in jüngerer Zeit hat sich das geändert, da in Gletschern der Rocky Mountains ganze tiefgefrorene Schwärme gefunden wurden. Gibt es womöglich irgendwo noch lebende Tiere, die nicht mehr schwärmen, weil es zu wenige sind, und deshalb unentdeckt bleiben? In der *New York Times* gab sich ein Forscher zuversichtlich. Gefunden hat er jedoch keine einzige Felsengebirgsschrecke.

BAUMSCHNECKE

Partula turgida

Wie die Furu-Buntbarsche im Viktoriasee (S. 116) bilden auch die polynesischen *Partula*-Baumschnecken einen Artenschwarm. Sie waren ebenfalls das Ergebnis einer evolutionären Feuerwerksrakete, einer adaptiven Radiation, die innerhalb relativ kurzer Zeit Dutzende von neuen Arten hervorbrachte. So etwas interessiert Evolutionsbiologen brennend. Sind all die verschiedenen Farb- und Formvarianten Anpassungen oder fantasiert die Natur hier nur vor sich hin? Wie können neue Arten entstehen, wenn alle Tiere am gleichen Ort zusammenleben? Für den 2002 verstorbenen Harvard-Forscher Stephen Jay Gould gehörten die historischen Arbeiten über die *Partula*-Schnecken zu den wichtigsten Studien in der Geschichte der Evolutionsbiologie.

Über 70 Arten kannte man, die größte Vielfalt erreichten die *Partulas* auf Tahiti und den anderen Gesellschaftsinseln. Heute sind mehr als 60 ausgestorben – »aufgefressen« wäre vermutlich zutreffender, und zwar von der Rosigen Wolfsschnecke (*Euglandina rosea*), einem gefräßigen Raubtier aus dem tropischen Nordamerika. Meist hatten sie die Menschen ins Land geholt, um die ebenfalls verschleppte, bis zu 20 Zentimeter große Achatschnecke (*Achatina fulica*) zu bekämpfen. Doch leider mochte sie die einheimischen Baumschnecken viel lieber.

Dem Räuber fielen nicht nur *Partulas*, sondern mehr als 200 Schneckenarten zum Opfer. Auch die letzten im Freiland lebenden *Partula*-Spezies sind vom Aussterben bedroht, zehn leben nur noch in biologischen Labors. Und selbst diese Sicherheit kann trügerisch sein: *Partula turgida*, die in London gehalten wurde, erkrankte an einem eingeschleppten Parasiten und starb 1996 aus.

SYNONYM
Polynesische Baumschnecke

VERWANDTSCHAFT
gehört zur Familie der Partulidae innerhalb der Landlungenschnecken (Stylommatophora)

VORKOMMEN
Gesellschaftsinseln

AUSGESTORBEN
ab den 1970er-Jahren

ENDLING
Turgi, starb am 31.01.1996 im Londoner Zoo

AUSSTERBEURSACHE
invasive Arten, Lebensraumzerstörung

ABBILDUNG
Farbautotypie, 1925

1 2 3 4 5 6 7
8 9 10 11 12 13 14
15 16 17 18 19 20 21
22 23 24 25 26 27 28
29 30 31 32 33 34 35
36 37 38 39 40 41 42
43 44 45 46 47 48 49 50
51 52 53 54 55 56 57

ANHANG

IM BÜCHER-DSCHUNGEL – AUSGESTORBENE TIERE AUF PAPIER

Wie im dichten Dschungel verbergen sich die Tiere zwischen den Blättern. Allerdings sind es keine Blätter von Bäumen und Sträuchern, sondern Blätter historischer Bücher in den Sammlungen der Staatsbibliothek zu Berlin. In diesen teilweise reich illustrierten Werken aus einem Zeitraum von gut 500 Jahren finden sich auch zahlreiche inzwischen ausgestorbene Tierarten. Was können uns diese Bilder alles erzählen?

Zunächst einmal zeugen die Abbildungen der Tiere von deren Existenz. Beutelwolf, Elfenbeinspecht oder Bodensee-Kilch – die Illustrationen vieler der hier gezeigten Arten entstanden zu einer Zeit, als diese entdeckt, beobachtet, wissenschaftlich beschrieben und abgebildet werden konnten. Prähistorische Arten wie Mammut oder Höhlenbär kennen wir hauptsächlich durch Knochen- bzw. Skelettfunde, auf deren Grundlage die visuellen Darstellungen erarbeitet worden sind.

Unser Wissen über Tierarten verdanken wir in maßgeblicher Weise einer Naturforschung, deren Vertreterinnen und Vertreter ihre Erkenntnisse in Büchern zusammentrugen und publizierten. Illustrationen spielten dabei seit dem 16. Jahrhundert eine wichtige Rolle. Heute geben die Abbildungen Auskunft darüber, mit welchen Tierarten sich die Forscher befasst haben und wie sich die wissenschaftliche Beschäftigung mit ihnen im Laufe der Zeit gewandelt hat.

Einer der Väter der Zoologie war der Schweizer Naturforscher Conrad Gessner (1516–1565), dessen fünfbändiges Tierbuch *Historia animalium* zwischen 1551 und 1587 veröffentlicht wurde. Es gilt als enzyklopädisches Inventar des bis zu jenem Zeitpunkt bekannten frühneuzeitlichen zoologischen Wissens. Das Neue bestand nicht nur in den mehrheitlich auf Beobachtung beruhenden Tierbeschreibungen und der ausführlichen Bibliografie, sondern auch in den zahlreichen Illustrationen der besprochenen Arten. Der im vorliegenden Buch gezeigte Kilch (S. 114) zählte im 16. Jahrhundert zu den im Bodensee beheimateten Fischarten und wurde daher in die Tierenzyklopädie aufgenommen. Die 1558 erschienene Darstellung gehört zu den frühesten bekannten Abbildungen dieser Tierart.

Bei der Benennung des Kilchs fällt auf, dass Gessner nur den umgangssprachlichen Namen, nicht aber die lateinische Bezeichnung *Coregonus gutturosus* angegeben hat. Erst im 18. Jahrhundert legte der schwedische Naturforscher Carl von Linné mit der Einführung seines Systems der Tiere und Pflanzen die theoretische Grundlage für die Etablierung neuer Beschreibungsverfahren in Zoologie und Botanik. Dazu gehörte auch die Benennung der Arten mit zweiteiligen lateinischen Namen, die sogenannte binominale Nomenklatur, womit gleichzeitig die Einordnung der Art in das jeweils geltende zoologische bzw. botanische System verbunden war. So kam es, dass es zwar den Kilch bereits bei Gessner gab, seine wissenschaftliche Bezeichnung aber mehrfach wechselte und er erst 1818 seinen heute gültigen Artnamen erhielt.

Die abgebildeten Tierarten sind für das geschulte Auge auch dann wiederzuerkennen, wenn sich die Bezeichnung inzwischen verändert hat. So heißt der Auerochse auf der Darstellung von 1846 (S. 30) *Bos urus*, wogegen der heute gültige wissenschaftliche Name *Bos primigenius* lautet. Das Bild steht hier sozusagen für das Tier selbst; allerdings zeigt es kein einzelnes Individuum, sondern vielmehr das Idealbild der Art mit sämtlichen charakteristischen Merkmalen. Im Zuge der Artdefinition war festgelegt worden, welche Eigenschaften die Art ausmachen und folglich im Bild zu erkennen sein müssen.

Auf der Grundlage einheitlicher Beschreibungsregeln für Tier- und Pflanzenarten konnte das Wissen über die biologische Vielfalt erweitert werden. Abbildungswerke wie die von Johann Christian Daniel Schreber (1739–1810) oder Georg Heinrich Borowski (1746–1801) ermöglichten den Austausch der Naturforscher über Länder- und Zeitgrenzen hinweg und trugen somit maßgeblich zur Verbreitung zoologischer Kenntnisse bei.

Die manuelle Herstellung von Bildern war nur durch die Zusammenarbeit von Spezialisten möglich. Es brauchte zunächst Gelehrte wie zum Beispiel John Gould (1804–1881), die ihre Kenntnisse über die darzustellende Tierart zur Verfügung stellten, sowie Künstler wie Henry Constantine Richter (1821–1902) oder Joseph Wolf (1820–1899), die für Gould tätig waren. Eine besondere Rolle spielte auch dessen Ehefrau Elizabeth (1804–1841), die bis zu ihrem frühen Tod eine große Menge der von ihm später publizierten Bilder anfertigte. In engem Austausch zwischen Zeichner und

Gelehrtem entstand eine Abbildung, die als Druckvorlage für die Buchillustration dienen konnte. Die beispielsweise von Gould bevorzugte und im 19. Jahrhundert entwickelte lithografische Drucktechnik hatte den Vorteil, dass Künstler das Motiv direkt auf den Lithografiestein übertragen konnten. Dagegen war für den Holzschnitt die geübte Hand des Holzschnitzers erforderlich. Mit Verbreitung des Kupferstichs im 17. und 18. Jahrhundert erforderte es die mühsame Handarbeit des Kupferstechers, das Motiv gespiegelt in die Kupferplatte einzugravieren. Um farbige Abbildungen herzustellen, war die Kolorierung der gedruckten Motive durch sogenannte Koloristen notwendig. Die Aufgabe der Buchmaler bestand darin, eine schwarz-weiße Vorlage mithilfe von Pigment und Pinsel in ein farbiges Bild zu verwandeln – für jedes Buchexemplar aufs Neue. So konnten die Illustrationen zu Kunstwerken werden und Bücher mit zahlreichen handgefertigten Abbildungen zu bibliophilen Kostbarkeiten.

Aufwendig bebilderte zoologische Werke wie zum Beispiel die von John Gould oder John James Audubon (1785–1851) zeugen von der Kunstfertigkeit aller beteiligten Experten. Gould produzierte rund 40 Foliobände mit mehr als 3000 handkolorierten Illustrationen, zumeist Lithografien von außergewöhnlicher Qualität. Die Bände der *Mammals of Australia*, aus denen die hier gezeigten Beuteltierabbildungen (S. 49–58) stammen, entstanden zwischen 1845 und 1863 und umfassen 182 großformatige Bildtafeln. Mit seiner umfangreichen Monografie über die Kolibris (*A Monograph of the Trochilidae, or Family of Humming-birds*, 1849–1861/87) schuf Gould erstmals eine systematische Darstellung dieser damals populären und noch wenig untersuchten Tiergruppe. Der metallische Glanz des Gefieders beruht auf dem Einsatz von glänzenden Lackfarben, transparentem Öl und vor allem Blattgold, das als Grundierung aufgetragen wurde. Die Abbildungen der Kolibris gehen damit weit über wissenschaftliche Notwendigkeiten hinaus und lassen die Bildtafeln zu teuren Kunstwerken werden.

Während Gould wie viele andere Naturforscher auf die zeichnerischen Fähigkeiten von zumeist weiblichen Familienangehörigen und Künstlern zurückgriff, schuf Audubon die auf eigenen Beobachtungen beruhenden und in Aquarell gearbeiteten Artporträts während seiner Reisen selbst. Der ebenso wie Gould zunächst als Tierpräparator tätige Audubon verfolgte das Ziel, alle Vogelarten der Vereinigten Staaten von Amerika darzustellen. Es entstand das bis heute größte und teuerste gedruckte Buch der

Welt: *The Birds of America*. Die insgesamt 435 im aufwendigen Aquatinta-Verfahren in der Werkstatt von Robert Havell (sen. 1769–1832 und jun. 1793–1878) hergestellten Tafeln im Double-Elephant-Folio-Format (ca. 68 × 102 cm) erschienen von 1827 bis 1838. Im Unterschied zu früheren Abbildungswerken wie etwa denen von Schreber oder Borowski, wo in der Regel nur jeweils ein Individuum jeder Art zu sehen ist, zeigt Audubon Tiergruppen in Bewegung vor typischer Landschaft oder charakteristischen Pflanzen, die naturgetreu wiedergegeben sind.

Die Darstellung von Tiergemeinschaften, sogenannten biologischen Gruppen, war auch für *Brehms Tierleben* maßgebend. Mit seinem populären Werk verfolgte der Zoologe Alfred Edmund Brehm (1829–1884) die Absicht, naturkundliches Wissen einem breiten Leserkreis zugänglich zu machen. Zur Popularität seiner mehrbändigen Tierenzyklopädie trugen neben den vermenschlichenden Beschreibungen ganz wesentlich die zahlreichen Illustrationen bei, die in den ersten Auflagen als unkolorierte Holzstiche beigefügt wurden. Das hier verwendete Motiv der Riesenschildkröten (S. 120) stammt aus einer seltenen farbig gestalteten Ausgabe, in der die ganzseitigen Bildtafeln als Chromolithografien umgesetzt wurden.

Mit Durchsetzung der Evolutionstheorie in der Biologie zum Ende des 19. Jahrhunderts gewann unter anderem die Erkenntnis der Variabilität der Arten an Bedeutung, was sich beispielsweise in der Darstellung von Individuenreihen derselben Art wie bei den *Partula*-Schnecken (S. 139) zeigt. Zudem vereinfachten maschinelle Druckverfahren wie zum Beispiel die Farbautotypie die Herstellung von Farbtafeln und ermöglichten damit weitaus höhere Auflagen.

Tierabbildungen in Büchern trugen ganz wesentlich zur Popularisierung der Naturgeschichte bei, unabhängig davon, ob es sich um einfache Drucke oder aufwendig gestaltete, handkolorierte Bildtafeln handelte. Der Bücherdschungel wurde dichter und das Wissen über Tierarten durch die zahlreichen Publikationen vermehrt, fixiert und so für künftige Generationen verfügbar gemacht. Dank der engen Zusammenarbeit zwischen Naturforschern, Künstlern und Druckern können wir uns auch in der Gegenwart ein Bild von den inzwischen ausgestorbenen Tierarten machen.

Dr. Katrin Böhme

Abteilung Historische Drucke
Staatsbibliothek zu Berlin

NATURKUNDLICHE MUSEEN

Sie sind die Archive, in denen die biologische Vielfalt der Erde für die Forschung aufbewahrt und kategorisiert wird, und nur in ihren Sammlungen kann man noch einen Beutelwolf, ein Quagga oder eine der anderen ausgestorbenen Tierarten betrachten. In Deutschland, Österreich und der Schweiz gibt es eine Vielzahl von naturkundlichen Museen, oft mit lokalem Bezug, von denen hier nur die größten aufgeführt werden, gefolgt von einer kurzen Liste der bedeutendsten Museen im europäischen Ausland und in Nordamerika.

DEUTSCHLAND

Museum für Naturkunde
Invalidenstraße 43
10115 Berlin
www.museumfuernaturkunde.berlin/de

Centrum für Naturkunde – CeNak
Leibniz-Institut zur Analyse des Biodiversitätswandels (LIB)
Martin-Luther-King-Platz 3
20146 Hamburg
www.cenak.uni-hamburg.de
hamburg.leibniz-lib.de/ausstellungen/museum-zoologie

Senckenberg Naturmuseum Frankfurt
Senckenberganlage 25
60325 Frankfurt
museumfrankfurt.senckenberg.de

Zoologisches Forschungsmuseum Alexander Koenig
Adenauerallee 160
53113 Bonn
www.zfmk.de

Deutsches Meeresmuseum
Katharinenberg 14–20
18439 Stralsund
www.meeresmuseum.de

ÖSTERREICH

Naturhistorisches Museum Wien
Maria-Theresien-Platz
1010 Wien
www.nhm-wien.ac.at

Naturkundemuseum
Joanneumsviertel
8010 Graz
www.museum-joanneum.at/naturkunde-museum

Haus der Natur
Museum für Natur und Technik
Museumsplatz 5
5020 Salzburg
www.hausdernatur.at/de

SCHWEIZ

Naturhistorisches Museum Basel
Augustinergasse 2
4051 Basel
www.nmbs.ch

Naturhistorisches Museum Bern
Bernastrasse 15
3005 Bern
www.nmbe.ch

Muséum d'Histoire Naturelle
1, route de Malagnou
1208 Genf
institutions.ville-geneve.ch/fr/mhn

INTERNATIONAL

The Natural History Museum
Cromwell Road
London SW7 5BD
www.nhm.ac.uk

Muséum National d'Histoire Naturelle
Jardin des Plantes
57 rue Cuvier
75005 Paris
www.mnhn.fr

Königliches Belgisches Institut für Naturwissenschaften
Rue Vautier 29
1000 Brüssel
www.naturalsciences.be/de/museum/home

Naturalis
Biodiversity Center
Darwinweg 2
2333 CR Leiden
www.naturalis.nl

American Museum of Natural History
200 Central Park West
New York, NY 10024-5102
www.amnh.org

Field Museum
1400 S. Lake Shore Dr.
Chicago, IL 60605
www.fieldmuseum.org

Smithsonian National Museum of Natural History
1000 Madison Drive NW
Washington, D.C. 20560
www.naturalhistory.si.edu

Canadian Museum of Nature
240 McLeod Street
Ottawa, Ontario, Kanada
www.nature.ca

NATUR- UND ARTENSCHUTZINITIATIVEN

Ist eine Art erst einmal ausgestorben, kommt jede Hilfe zu spät. Deshalb engagieren sich überall in der Welt Menschen, damit es für die wachsende Zahl seltener und gefährdeter Tierarten gar nicht erst so weit kommt, und dieses Engagement gewinnt zunehmend an Bedeutung. Im Folgenden wird eine Auswahl der wichtigsten nationalen und internationalen Natur- und Artenschutzorganisationen aufgeführt.

DEUTSCHLAND

Deutscher Naturschutzring Dachverband der deutschen Natur-, Tier- und Umweltschutzorganisationen (DNR) e.V.
www.dnr.de

Bund für Umwelt und Naturschutz Deutschland e.V. (BUND)
www.bund.net/bund-tipps/tiere-und-pflanzen-schuetzen

Naturschutzbund Deutschland NABU
www.nabu.de/tiere-und-pflanzen/artenschutz

WWF Deutschland
www.wwf.de/themen-projekte/bedrohte-tier-und-pflanzenarten
www.wwf.de/themen-projekte/artenschutz-und-biologische-vielfalt

Bundesamt für Naturschutz
www.bfn.de/themen/artenschutz.html

ÖSTERREICH

Naturschutzbund Österreich
www.naturschutzbund.at/artenschutz.html

Umweltbundesamt
www.umweltbundesamt.at/umweltthemen/naturschutz/artenschutz

WWF Österreich
www.wwf.at/das-schuetzen-wir/bedrohte-arten

SCHWEIZ

Pro Natura
www.pronatura.ch/de/artenschutz

WWF Schweiz
www.wwf.ch/de/tierarten

ProSpecieRara
www.prospecierara.ch/tiere.html

INTERNATIONAL

International Union for Conservation of Nature (IUCN)
www.iucn.org/theme/species

UN Environment World Conservation Monitoring Centre
www.unep-wcmc.org

Artenschutz-Datenbanken

Artensterben.de – Ausgestorbene oder ausgerottete Tiere der Neuzeit
www.artensterben.de

WISIA – Wissenschaftliches Informationssystem zum Internationalen Artenschutz (Artenschutzdatenbank des Bundesamts für Naturschutz, Bonn)
www.wisia.de/prod/index.html

OASIS – Österreichisches Artenschutz Informationssystem (Umweltbundesamt, Österreich)
www.umweltbundesamt.at/umweltthemen/naturschutz/artenschutz/artenschutz-datenbank

Rote Liste bedrohter Arten in der Schweiz (Artenschutz Schweiz)
www.artenschutz.ch/rlist.htm

Rote Liste gefährdeter Tierarten der Weltnaturschutzunion (IUCN)
www.iucnredlist.org

QUELLENNACHWEIS

6 Andrew Schultz (2006): www.andrewschultz.net/program-note/endling-orchestra-opus-72 | **7** Vogelfauna Neuseelands: Luis Valente u. a.: »Deep macroevolutionary impact of humans on New Zealand's unique avifauna«, *Current Biology* 29 (2019), S. 2563–2569 | **8** BirdLife International zur Zahl der Campbellenten: Campbell Teal *Anas nesiotis*, www.datazone.birdlife.org/species/factsheet/campbell-teal-anas-nesiotis/details | **9** Verlustausgleich durch neue Arten: Jens Boenigk & Sabina Wodniok: *Biodiversität und Erdgeschichte*, Berlin/Heidelberg 2014 | **10** Aussterben durch Asteroideinschlag: Elizabeth Kolbert: *Das 6. Sterben. Wie der Mensch Naturgeschichte schreibt*, Berlin 2015; David Raup: *Ausgestorben: Zufall oder Vorsehung?*, Köln 1992, S. 104 f. | **12** Schwarzbrauen-Mausdrossling: Panji Gusti Akbar u. a.: »Missing for 170 years – the rediscovery of Black-browed Babbler *Malacocincla perspicillata* on Borneo«, *BirdingASIA* 34 (2020), S. 13–14; Wiedergefundene Arten: Brett Scheffers u. a.: »The world's rediscovered species: back from the brink?«, *PLoS ONE* 6(7): e22531 (2011); Erneute Einstufung als bedrohte Arten: ebd. | **13** IUCN: *IUCN Red List categories and criteria: Version 3.1*, 2. Aufl., Gland/Schweiz und Cambridge/UK 2012, S. 14 | **14** Aussterben durch Asteroideinschlag: Elizabeth Kolbert: *Das 6. Sterben*, Berlin 2015 | **15** Molekulargenetische Untersuchungen: Erin Fry u. a.: »Functional architecture of deleterious genetic variants in the genome of a Wrangel Island mammoth«, *Genome Biology and Evolution* 12 (2020), S. 48–58 | **17** Säugetier-Datenbank: www.mammaldiversity.org; Connor Burgin u. a.: »How many species of mammals are there?«, *Journal of Mammalogy* 99 (2018), S. 1–14 | **19** Gilbert Price u. a.: »Seasonal migration of marsupial megafauna in Pleistocene Sahul (Australia–New Guinea)«, *Proceedings of the Royal Society B* 284: 20170785 (2017); Australian Museum: *Diprotodon optatum*, www.australian.museum/learn/australia-over-time/extinct-animals/diprotodon-optatum | **20** Webb Miller u. a.: »Sequencing the nuclear genome of the extinct woolly mammoth«, *Nature* 456 (2008), S. 387–390 | **23** Joscha Gretzinger u. a.: »Large-scale mitogenomic analysis of the phylogeography of the Late Pleistocene cave bear«, *Scientific Reports* 9, Nr. 10700 (2019); Axel Barlow u. a.: »Partial genomic survival of cave bears in living brown bears«, *Nature Ecology & Evolution* 2 (2018), S. 1563–1570 | **24** Frédéric Delsuc u. a.: »Ancient mitogenomes reveal the evolutionary history and biogeography of sloths«, *Current Biology* 29 (2019), S. 2031–2042 | **26** Stephanie Marciniak u. a.: »Evolutionary and phylogenetic insights from a nuclear genome sequence of the extinct, giant ›subfossil‹ koala lemur *Megaladapis edwardsi*«, bioRxiv (2020), www.doi.org/10.1101/2020.10.16.342907; Sarah Federman u. a.: »Implications of lemuriform extinctions for the Malagasy flora«, *PNAS* 113 (2016), S. 5041–5046 | **28 f.** Bernhard Kegel: *Ausgestorben, um zu bleiben. Dinosaurier und ihre Nachfahren*, Köln 2018 | **31** Arbeitsgemeinschaft Biologischer Umweltschutz im Kreis Soest e. V.: »Wie sah der Auerochse aus?«, www.abu-naturschutz.de/was-wir-auch-noch-tun/taurus-rinder-zucht/wie-sah-der-auerochse-aus; Albano Beja-Pereira u. a.: »The origin of European cattle: Evidence from modern and ancient

DNA«, *PNAS* 103 (2006), S. 8113–8118 | **33** Elisabeth Hempel u. a.: »Identifying the true number of specimens of the extinctblue antelope (*Hippotragus leucophaeus*)«, *Scientific Reports* 11, Nr. 2100 (2021) | **35** Jennifer Leonard u. a.: »A rapid loss of stripes: the evolutionary history of the extinct quagga«, *Biology Letters* 1 (2005), S. 291–295 | **36** Charleen Gaunitz u. a.: »Ancient genomes revisit the ancestry of domestic and Przewalski's horses«, *Science* 360 (2018), S. 111–114 | **38** Gerardo Ceballos, Anne Ehrlich & Paul Ehrlich: *The Annihilation of Nature. Human Extinction of Birds and Mammals*, Baltimore 2015; Jeremy Austin u. a.: »The origins of the enigmatic Falkland Islands wolf«, *Nature Communications* 4, Nr. 1552 (2013) | **41** Bridgett von Holdt u. a.: »A genome-wide perspective on the evolutionary history of enigmatic wolf-like canids«, *Genome Research* 21 (2011), S. 1294–1305; M. Phillips: Red Wolf – *Canis rufus. The IUCN Red List of threatened species* (2018), www.iucnredlist.org/species/3747/163509841; Lucy Sherriff: »Can red wolves come back from the brink of extinction again?«, *Guardian* (2021), www.theguardian.com/environment/2021/mar/10/can-red-wolves-come-back-from-the-brink-of-extinction-again-aoe | **42** Po-Jen Chiang u. a.: »Is the clouded leopard *Neofelis nebulosa* extinct in Taiwan, and could it be reintroduced? An assessment of prey and habitat«, *Oryx* 49 (2014), S. 261–269; Keoni Everington: »›Extinct‹ Formosan clouded leopard spotted in E. Taiwan«, *Taiwan News* (2019), www.taiwannews.com.tw/en/news/3644433 | **45** Sarah Brook u. a.: *WWF-Report 2011: Extinction of the Javan Rhinoceros* (Rhinoceros sondaicus)«, Vietnam u. a. 2011; Susie Elli & Bibhab Talukdar: Javan Rhinoceros – *Rhinoceros sondaicus. The IUCN Red List of Threatened Species* (2020), www.iucnredlist.org/species/19495/18493900 | **46 f.** Matthias Glaubrecht: *Das Ende der Evolution – Der Mensch und die Vernichtung der Arten*, München 2019; C. N. Johnson u. a.: »What caused extinction of the Pleistocene megafauna of Sahul?«, *Proceedings of the Royal Society B* 283: 20152399 (2016); Christopher Sandom u. a.: »Global late Quaternary megafauna extinctions linked to humans, not climate change«, *Proceedings of the Royal Society B* 281: 20133254 (2014); Stephen Wroe u. a.: »Climate change frames debate over the extinction of megafauna in Sahul (Pleistocene Australia-New Guinea)«, *PNAS* 110 (2013), S. 8777–8781 | **48** Julia Leigh: *Der Jäger*, Frankfurt a. M. 2002; Brandon Menzies u. a.: »Limited genetic diversity preceded extinction of the Tasmanian tiger«, *PLoS ONE* 7(4): e35433 (2012); Peter Savolainen u. a.: »A detailed picture of the origin of the Australian dingo, obtained from the study of mitochondrial DNA«, *PNAS* 101 (2004), S. 12387–12390 | **51** Ian Abbott: »Historical perspectives of the ecology of some conspicuous vertebrate species in south-west Western Australia«, *Conservation Science Western Australia* 6 (2008), S. 1–214, hier S. 66 | **52** Andrew Burbidge & J. Woinarski: Eastern Hare-wallaby – *Lagorchestes leporides. The IUCN Red List of Threatened Species* (2016), www.iucnredlist.org/species/11163/21954274#habitat-ecology; John Gould: *The Mammals of Australia*, Bd. 2, London 1863, S. 67 | **55** Andrew Burbidge u. a.: »Aboriginal knowledge of the mammals of the central deserts of Australia«, *Wildlife Research* 15 (1988), S. 9–39; Andrew Burbidge & J. Woinarski: Pig-footed Bandicoot – *Chaeropus ecaudatus. The IUCN Red List of Threatened Species* (2016), www.iucnredlist.org/species/4322/21965168 | **56** John Gould: *The Mammals of Australia*, Bd. 2, London 1863, S. 25; Australian Government/Department of Agriculture, Water and the Environment: *Notamacropus greyi* – Toolache Wallaby, www.environment.gov.au/cgi-bin/sprat/public/publicspecies.pl?taxon_id=232 | **59** Elizabeth Denny & Christopher Dickman: *Review of Cat Ecology and Management Strategies in Australia*, Canberra 2010; Andrew Burbidge & J. Woinarski: Broad-faced Potoroo – *Potorous platyops. The IUCN Red List of Threatened Species* (2016), www.iucnredlist.org/species/18103/21960570 | **60** James Estes u. a.: »Sea otters, kelp forests, and the extinction of Steller's sea cow«, *PNAS* 113 (2016), S. 880–885; Hans Rothauscher: *Die Stellersche Seekuh: Monografie der ausgestorbenen Nordischen Riesenseekuh* Hydrodamalis gigas, Norderstedt 2008 | **62** L. Lowry: Japanese Sea Lion – *Zalophus japonicus* (amended version of 2015 assessment). *The IUCN Red List of Threatened Species* (2017), www.iucnredlist.org/species/41667/113089431 | **65** IOC World Bird List (2021): www.worldbirdnames.org/new; Bernhard Kegel: *Ausgestorben, um zu bleiben*, Köln 2018 | **67** Bernhard Kegel: *Tiere in der Stadt. Eine Naturgeschichte*, Köln 2013; Johannes Fritz u. a.: »Biologging is suspect to cause corneal opacity in two populations of wild living Northern Bald Ibises (*Geronticus eremita*)«, *Avian Research* 11, Nr. 38 (2020) | **69** David Quammen: *Der Gesang des Dodo. Eine Reise durch die Evolution der Inselwelten*, München 1998, S. 347 | **70 f.** Bernhard Kegel: *Die Ameise als Tramp. Von biologischen Invasionen*, Köln 2013; David Quammen: *Der Gesang des Dodo*, München 1998; Edward O. Wilson: *Der Wert der Vielfalt. Die Bedrohung der Artenvielfalt und das Überleben des Menschen*, München 1996 (Original: 1992), S. 271 f. | **72** Elizabeth Kolbert: *Das 6. Sterben*, Berlin 2015, S. 66 | **74** Steven Trewick: »Flightlessness and phylogeny amongst endemic rails (Aves: Rallidae) of the New Zealand region«, *Philosophical Transactions of the Royal Society B* 352 (1997), S. 429–446; BirdLife International: Dieffenbach's Rail – *Hypotaenidia dieffenbachii. The IUCN Red List of Threatened Species* (2016), www.iucnredlist.org/fr/species/22692455/93354540 | **77** Gerald Mayr: »Old world fossil record of modern-type hummingbirds«, *Science* 304 (2004), S. 861–864 | **79** Mark Seabrook-Davison u. a.: »Ancient DNA resolves identity and phylogeny of New Zealand's extinct and living quail (*Coturnix sp.*)«, *PLoS ONE* 4(7): e6400 (2009) | **81** John Gould: *The Birds of Australia*, Bd. 5, London 1848; BirdLife International: Norfolk Kaka – *Nestor productus. The IUCN Red List of Threatened Species* (2016), www.iucnredlist.org/species/22684834/93049105 | **82** Carolyn King: *Immigrant Killers. Introduced Predators and the Conservation of Birds in New Zealand*, Oxford 1984 | **85** Michael Szabo: »Huia, the sacred bird«, *New Zealand Geographic* 20 (1993) | **86 f.** Lian Pin Koh u. a.: »Species coextinctions and the biodiversity crisis«, *Science* 305 (2004), S. 1632–1634; Melinda Moir u. a.: »Current constraints and future directions in estimating coextinction«, *Conservation Biology* 24 (2010), S. 682–690; Michael Bunce u. a.: »Ancient DNA provides new insights into the evolutionary history of New Zealand's extinct giant eagle«, *PLoS Biol* 3(1): e9 (2005) | **88** Elizabeth Pennisi: »Four billion passenger pigeons vanished«, *Science* 365 (2019), S. 1228–1229 | **90** Eric Palkovacs u. a.: »Genetic evaluation of a proposed introduction: the case of the greater prairie chicken and the extinct heath hen«, *Molecular Ecology* 13 (2004), S. 1759–1769 | **93** Kevin Burgio u. a.: »Lazarus ecology: Recovering the distribution and migratory patterns of the extinct Carolina parakeet«, *Ecology and Evolution* 7 (2017), S. 5467–5475 | **94** Per Ericson u. a.: »A genomic perspective of the pink-headed duck *Rhodonessa caryophyllacea* suggests a long history of low effective population size«, *Scientific Reports* 7, Nr. 16853 (2017); BirdLife International Data Zone: Pink-headed duck *Rhodonessa caryophyllacea* (2017), www.datazone.birdlife.org/species/factsheet/pink-headed-duck-rhodonessa-caryophyllacea/text | **97** Steven Fancy & C. John Ralph: »Apapane (*Himatione sanguinea*)«, in: Alan Poole & Frank Gill (Hrsg.): *The birds of North America*, Nr. 296, Philadelphia, PA/Washington, D. C. 1997 | **98** David Quammen: *Der Gesang des Dodo*, München 1998, S. 418 | **100 f.** Britt Wray: *Das Mammut aus der Tiefkühltruhe*, München 2018 | **103** »Verschollener Specht«, *Spiegel* 13 (2006), www.spiegel.de/wissenschaft/verschollener-specht-a-ffd14529-0002-0001-0000-000046421557; BirdLife International Data Zone: Ivory-billed woodpecker *Campephilus principalis*, www.datazone.birdlife.org/species/factsheet/ivory-billed-woodpecker-campephilus-principalis/text | **104** Museum für Naturkunde Berlin: »Die Rückkehr des Spix-Aras«, www.museumfuernaturkunde.berlin/de/ueber/neuigkeiten/die-rueckkehr-des-spix-aras; Christiane Habermalz: »Sind die letzten Spixaras der Welt in Brandenburg in guten Händen?«, *RiffReporter* (2019), www.riffreporter.de/de/umwelt/recherche-blog-papageien-artenschutz | **106** Thomas Fritts & Gordon Rodda: »The role of introduced species in the degradation of island ecosystems: A case history of Guam«, *Annual Review of Ecology and Systematics* 29 (1998), S. 113–140; Ernst Mayr & Martin Moynihan: »Evolution in the *Rhipidura rufifrons* group«, *American Museum Novitates* 1321 (1946), S. 1–21 | **109** Sheila Conant u. a.: »Reflections on a 1975 expedition to the lost world of the Alaka'i and other notes on the natural history, systematics, and conservation of Kaua'i birds«, *The Wilson Bulletin* 110 (1998), S. 1–22; Der Gesang des Endlings: www.youtube.com/watch?v=nDRY0CmcYNU | **110** Fisch-Datenbank: www.fishbase.de | **112** Romolo Fochetti: »Italian freshwater biodiversity: Status, threats and hints for its conservation«, *Italian Journal of Zoology* 79 (2012), S. 2–8 | **115** Artensterben: www.artensterben.de/index.php/2018/03/10/bodensee-kilch; Andri Bryner: »Überraschendes aus den Tiefen der Schweizer Seen«, Eawag – aquatic research (2016), www.eawag.ch/de/news-agenda/news-plattform/news/ueberraschendes-aus-den-tiefen-der-schweizer-seen | **117** Tijs Goldschmidt: *Darwins Traumsee. Nachrichten von meiner Forschungsreise nach Afrika*, München 1997; Frans Witte u. a.: »Recovery of cichlid species in Lake Victoria: An examination of factors leading to differential extinction«, *Reviews in Fish Biology and Fisheries* 10 (2000), S. 233–241 | **118 f.** Sean Modesto & Jason Anderson: »The phylogenetic definition of reptilia«, *Systematic Biology* 53 (2004), S. 815–821; American Museum of Natural History, New York: *Amphibian species of the world 6.1, an online reference* (Datenbank), www.amphibiansoftheworld.amnh.org; Reptilien-Datenbank: www.reptile-database.org | **121** Lothar Frenz: *Lonesome George oder Das Verschwinden der Arten*, Berlin 2012 | **122** R. Vasconcelos: Cape Verde Giant Skink – *Chioninia coctei. The IUCN Red List of Threatened Species* (2013), www.iucnredlist.org/species/ 13152363/13152374; Hans-Hermann Schleich: »Letzte Nachforschungen zum kapverdischen Riesenskink, *Macroscincus coctei* (Duméril & Bibron 1839)«, *Salamandra* 18 (1982), S. 78–85 | **124** J. Alan Pounds u. a.: »Widespread amphibian extinctions from epidemic disease driven by global warming«, *Nature* 439 (2006), S. 161–167; Ed Yong: »Resurrecting the extinct frog with a stomach for a womb«, *National Geographic* (2013), www.nationalgeographic.com/science/article/resurrecting-the-extinct-frog-with-a-stomach-for-a-womb | **129** Philip Henry Gosse: »Urania sloanus at home«, *The Entomologist* 13 (1880), S. 133–135, hier S. 135; David Lees: »Urania sloanus«, Natural History Museum, www.web.archive.org/web/20150221082225/http://www.nhm.ac.uk/nature-online/species-of-the-day/biodiversity/loss-of-habitat/urania-sloanus/index.html | **131** Stylianos Chatzimanolis: »Darwin's legacy to rove beetles (Coleoptera, Staphylinidae): A new genus and a new species, including materials collected on the Beagle's voyage«, *ZooKeys* 379 (2014), S. 29–41 | **132 f.** Yinon Bar-On u. a.: »The biomass distribution on Earth«, *PNAS* 115 (2018), S. 6506–6511; Rodolfo Dirzo u. a.: »Defaunation in the Anthropocene«, *Science* 345 (2014), S. 401–406; WWF: *Living Planet Report 2020 – Bending the curve of biodiversity loss* (PDF), hrsg. v. Rosamunde Almond, Monique Grooten & Tanya Petersen, WWF, Gland/Schweiz 2020; Fred Langer: »›Das Artensterben zu ignorieren ist der vielleicht größte Fehler der Menschheit‹«, *GEO* (2021), www.geo.de/natur/tierwelt/ist-die-artenvielfalt-zu-bewahren--30492884.html | **134** National Parks Traveler: »Butterflies native to South Florida most likely extinct« (2013), www.nationalparkstraveler.org/2013/06/butterflies-native-south-florida-most-likely-extinct23448 | **137** Carol Kaesuk Yoon: »Looking back at the days of the locust«, *The New York Times* (2002); Jeffrey Lockwood: »Voices from the past: What we can learn from the Rocky Mountain locust«, *American Entomologist* 47 (2001), S. 208–215 | **138** Bernhard Kegel: *Die Ameise als Tramp*, Köln 2013; Claire Régnier u. a.: »Not knowing, not recording, not listing: Numerous unnoticed mollusk extinctions«, *Conservation Biology* 23 (2009), S. 1214–1221 | **142–145** Lorraine Daston & Peter Galison: *Objektivität*, Frankfurt a. M. 2007; Angela Fischel: *Natur im Bild: Zeichnung und Naturerkenntnis bei Conrad Gessner und Ulisse Aldrovandi*, Berlin 2009; Martin Kemp: *Bilderwissen: die Anschaulichkeit naturwissenschaftlicher Phänomene*, Köln 2003; Fons van der Linden: *DuMont's Handbuch der grafischen Techniken: Manuelle und maschinelle Druckverfahren, Hochdruck, Tiefdruck, Flachdruck, Durchdruck, Reproduktionstechniken, Mehrfarbendruck*, Köln 1983; Sybilla Nikolow & Lars Bluma: »Die Zirkulation der Bilder zwischen Wissenschaft und Öffentlichkeit. Ein historiographischer Essay«, in: Bernd Hüppauf & Peter Weingart (Hrsg.): *Frosch und Frankenstein – Bilder als Medium der Popularisierung von Wissenschaft*, Bielefeld 2009, S. 45–78; Claus Nissen: *Die zoologische Buchillustration: Ihre Bibliographie und Geschichte*, Bd. 2: *Geschichte*, Stuttgart 1978; Charlotte Sleigh: *The Paper Zoo. 500 Years of Animals in Art*, Chicago/London 2017; Julia Voss: *Darwins Bilder. Ansichten der Evolutionstheorie 1837 bis 1874*, Frankfurt a. M. 2007; Wilhelm Weber: *Saxa loquuntur. Steine reden. Geschichte der Lithographie*, 2 Bde., Heidelberg/Berlin 1961/1964; Hans-Jörg Wilke: *Die Geschichte der Tierillustration in Deutschland 1850–1950*, Rangsdorf 2018; Barbara Wittmann: »Das Porträt der Spezies. Zeichnen im Naturkundemuseum«, in: Christoph Hoffmann (Hrsg.): *Daten sichern. Schreiben und Zeichnen als Verfahren der Aufzeichnung*, Zürich u. a. 2008, S. 47–72.

BILDNACHWEIS

Sofern nicht anders angegeben, wurden alle Abbildungen in diesem Band von der Staatsbibliothek zu Berlin zur Verfügung gestellt.

Umschlagvorderseite Dodo (Detail), aus: Georg Heinrich Borowski: *Gemeinnüzzige Naturgeschichte des Thierreichs*, Bd. 2, Berlin/Stralsund 1781 (Lk 4105-2), Taf. Av XXV | **Umschlagrückseite** Uraniafalter (Detail), aus: James Duncan: *The Natural History of Foreign Butterflies*, Edinburgh 1837 (Lk 8998-36), Taf. 29 | **18** Riesenwombat, aus: Richard Owen: *Researches on the Fossil Remains of the Extinct Mammals of Australia*, Bd. 2, London 1877 (4° Mi 5634-Plates), Taf. XXXV | **21** Wollhaarmammut, aus: Henry Neville Hutchinson: *Extinct Monsters*, London 1893 (Mi 4202<3>), S. 205, Taf. XX | **22** Höhlenbär, aus: F. John: *Tiere der Urwelt*, Bd. 2, Hamburg-Wandsbek 1902 (B XVIII 3b, 778-1/2), Taf. 4 | **25** Riesenfaultier, aus: Henry Neville Hutchinson: *Extinct Monsters*, London 1893, S. 181, Taf. XVIII | **27** Koalalemur, aus: F. John: *Tiere der Urwelt*, Bd. 2, Hamburg-Wandsbek 1902, Taf. 10 | **30** Auerochse, aus: Johann Christian Daniel Schreber: *Die Säugthiere in Abbildungen nach der Natur mit Beschreibungen*, Leipzig 1855 (4° Ln 1450-Kupfer, 5/7), Taf. CCXCV | **32** Blaubock, aus: Johann Christian Daniel Schreber: *Die Säugthiere in Abbildungen nach der Natur mit Beschreibungen*, Leipzig 1855, Taf. CCLXXVIII | **34** Quagga, aus: Johann Christian Daniel Schreber: *Die Säugthiere in Abbildungen nach der Natur mit Beschreibungen*, Leipzig 1855, Taf. CCCXVII | **37** Tarpan, aus: Charles Hamilton Smith: *The Natural History of Horses*, Edinburgh 1841 (Lk 8998-12), Taf. III | **39** Falklandfuchs, aus: Saint George Jackson Mivart: *Dogs, Jackals, Wolves, and Foxes*, London 1890 (4° Ln 5431), Taf. zu S. 26 | **40** Florida-Rotwolf, aus: John James Audubon: *The Viviparous Quadrupeds of North America*, New York/Philadelphia 1845–1848 (gr.2° Ln 13801-1/2<a>), Taf. LXVII | **43** Taiwanischer Nebelparder, aus: Zoological Society of London, *Proceedings of the Zoological Society of London*, 1862 (Lk 1530.1862), Taf. XLIII | **44** Bengalisches Java-Nashorn, aus: Johann Christian Daniel Schreber: *Die Säugthiere in Abbildungen nach der Natur mit Beschreibungen*, Leipzig 1855, Taf. CCCXVII E | **49** Beutelwolf, aus: John Gould: *The Mammals of Australia*, London 1863, Bd. 1 (gr.2° Ln 13903-1 u 2), Taf. 54 | **50** Mondnagelkänguru, aus: John Gould: *The Mammals of Australia*, Bd. 2, London 1863, Taf. 55 | **53** Östliches Hasenkänguru, aus: John Gould: *The Mammals of Australia*, Bd. 2, London 1863, Taf. 57 | **54** Stützbeutler, aus: John Gould: *The Mammals of Australia*, Bd. 1, London 1863, Taf. 6 | **57** Östliches Irmawallaby, aus: John Gould: *The Mammals of Australia*, Bd. 2, London 1863, Taf. 19 | **58** Breitkopfkänguru, aus: John Gould: *The Mammals of Australia*, Bd. 2, London 1863, Taf. 70 | **61** Stellers Seekuh, aus: Henry Neville Hutchinson: *Extinct Monsters*, London 1893, S. 249, Taf. XXVI |**63** Japanischer Seelöwe, aus: Philipp Franz von Siebold: *Fauna Japonica Sive Descriptio animalium, quae in itinere per Japoniam*, Leiden 1842 (2° Lv 12794- Mammalia), Taf. 21 | **66** Waldrapp, aus: Georg Heinrich Borowski: *Gemeinnüzzige Naturgeschichte des*

Thierreichs, Bd. 2, Berlin/Stralsund 1781, Taf. Av IX B | **68** Dodo, aus: Georg Heinrich Borowski: *Gemeinnüzzige Naturgeschichte des Thierreichs*, Bd. 2, Berlin/Stralsund 1781, Taf. Av XXV | **73** Riesenalk, aus: John James Audubon: *The Birds of America*, Bd. 4 (Faksimile-Neudruck der Ausgabe London 1835–1838), New York/Amsterdam 1972 (gr.2° 306296-4), Taf. 341 | **75** Dieffenbach-Ralle, aus: John Richardson & John Edward Gray (Hrsg.): *The Zoology of the Voyage of H.M.S. Erebus & Terror*, Bd. 1, London 1844–1875 (4° Lk 12095-1), Taf. 15 | **76** Kupferfadenelfe, aus: John Gould: *A Monograph of the Trochilidae, or Family of Humming-birds*, Bd. 3, London 1861 (gr.2° Lo 4925-3), Taf. 130 | **78** Neuseeländische Schwarzbrustwachtel, aus: Walter Lawry Buller: *A History of the Birds of New Zealand*, London 1873 (4° Lo 7880), Taf. zu S. 161 | **80** *Nestor notabilis* (für Norfolk-Kaka), aus: Walter Lawry Buller: *A History of the Birds of New Zealand*, London 1873, Taf. zu S. 39 | **83** Stephens-Island-Schlüpfer, aus: Lionel Walter Rothschild: *Extinct Birds*, London 1907, Foto: Wikimedia Commons | **84** Huia, aus: Walter Lawry Buller: *A History of the Birds of New Zealand*, London 1873, Taf. zu S. 63 | **89** Wandertaube, aus: John James Audubon: *The Birds of America*, London 1827–1829 (Libri impr. rari fol. 291), Taf. 31 | **91** Heidehuhn, aus: John James Audubon: *The Birds of America*, Bd. 2 (Faksimile-Neudruck der Ausgabe London 1831–1834), New York/Amsterdam 1972, Taf. 186 | **92** Karolinasittich, aus: John James Audubon: *The Birds of America*, London 1827–1829, Taf. 26 | **95** Rosenkopfente, aus: Edward C. Stuart Baker: *The Indian Ducks and Their Allies* (50 MB 4195), London 1908, Taf. IV | **96** Laysan-Apapane, aus: Lionel Walter Rothschild: *The Avifauna of Laysan and the Neighbouring Islands*, London 1893–1900 (2° Lo 7954), Taf. zu S. 3 | **99** Hawaii-Akialoa, aus: Lionel Walter Rothschild: *The Avifauna of Laysan and the Neighbouring Islands*, London 1893–1900, Taf. zu S. 83 | **102** Elfenbeinspecht, aus: John James Audubon: *The Birds of America*, London 1827–1829, Taf. 66 | **105** Spix-Ara, aus: Johann Baptist von Spix: *Avium Species novae, quas in itinere per Brasiliam …*, München 1824 (2° Lo 7660-1), Taf. XXIII | **107** *Rhipidura rubrofrontata* (für Guam-Fuchsfächerschwanz), aus: John Gould: *The Birds of New Guinea and the Adjacent Papuan Islands*, Bd. 1, London 1875–1888 (gr.2° Lo 7892-1), Taf. 26 | **108** Schuppenkehlmoho, aus: Scott Barchard Wilson: *Aves Hawaiienses. The Birds of the Sandwich Islands*, London 1890–1899 (4° Lo 7946), Teil 1 (1890) | **113** Gravenche, aus: Carl Vogt & Bruno Hofer: *Die Süsswasserfische von Mittel-Europa*, hrsg. v. Wilhelm Grote, Bd. 2, Leipzig 1908 (2° Lo 23247-2), Taf. XV | **114** Bodensee-Kilch, aus: Conrad Gessner: *Medici Tigurini Historiæ Animalium*, Bd. 4, Zürich 1558 (2° Lk 3600-4<a>), S. 38 | **116** Furu, aus: John Anderson: *Zoology of Egypt. The Fishes of the Nile*, Bd. 3, London 1907 (4° Lv 13348-3), Taf. LXXXIX | **120** Elefantenschildkröten von Galapagos (für Pinta-Riesenschildkröte), aus: Alfred Edmund Brehm: *Brehms Thierleben. Die Kriechthiere und Lurche*, Abt. 3, Bd. 1, Leipzig 1883 (50 MB 44-7), Taf. zu S. 43 | **123** Kapverdischer Riesenskink, aus: Alphonse Trémeau de Rochebrune: *Faune de la Sénégambie. Reptiles*, Bd. 4, Paris 1884 (4° Lv 13326-4/5), Taf. XIII | **125** *Rana brama*, aus: Joseph Brodtmann: *Naturgeschichte und Abbildungen der Reptilien*, Bd. 3, Schaffhausen 1833 (Lk 4296-3, Abb.), Taf. 91 | **128** Uraniafalter, aus: James Duncan: *The Natural History of Foreign Butterflies*, Edinburgh 1837, Taf. 29 | **130** Kurzflügelkäfer (Detail), aus: Edmund Reitter: *Fauna Germanica. Die Käfer des Deutschen Reiches*, Bd. 2, Stuttgart 1909 (Ls 7337-2), Taf. 48 | **135** Zestos-Dickkopffalter, aus: Jacob Hübner: *Zuträge zur Sammlung exotischer Schmettlinge*, Augsburg 1823 (4° Lt 5981-1/4), Taf. 105 | **136** Felsengebirgsschrecke (Detail), aus: *Annual Report of the United States Entomological Commission Relating to the Rocky Mountain Locust* 1, 1877 (Mn 19256-1/2), Taf. 1 | **139** Baumschnecken, aus: Henry Edward Crampton: *Studies on the Variation, Distribution, and Evolution of the Genus Partula. The Species of the Mariana Islands, Guam and Saipan*, Bd. 2, Washington, D. C. 1925 (4° Ab 7543-228, A), Taf. 14.

ARTENREGISTER

Hervorgehobene Seitenzahlen verweisen auf Abbildungen.

S

T

U

V

W

Z

BERNHARD KEGEL, geboren 1953 in Berlin, studierte Chemie und Biologie an der Freien Universität Berlin, danach Forschungstätigkeit, Arbeit als ökologischer Gutachter und Lehrbeauftragter. Seit 1993 veröffentlichte er zahlreiche Romane und Sachbücher. Bernhard Kegels Bücher wurden mit mehreren Publizistikpreisen ausgezeichnet. Zuletzt erschienen bei DuMont *Ausgestorben, um zu bleiben* (2018) und *Die Natur der Zukunft* (2021). Der Autor lebt in Berlin.

DIE STAATSBIBLIOTHEK ZU BERLIN – PREUSSISCHER KULTURBESITZ ist ein Zentrum der Literaturversorgung und eine der bedeutendsten Bibliotheken weltweit. Im Jahr 1661 als »Churfürstliche Bibliothek zu Cölln an der Spree« gegründet, umfassen ihre Bestände heute mehr als elf Millionen Druckschriften, eine ständig wachsende Zahl an elektronischen Ressourcen sowie umfangreiche Sondersammlungen mit oft unikalen Materialien, wie zum Beispiel Musikautografe, abendländische und orientalische Handschriften, Inkunabeln, Rara (seltene und kostbare Bücher), Karten und historische Zeitungen. Als Archivbibliothek hat sie in ihren beiden Häusern – Unter den Linden und am Kulturforum – den Auftrag, nationales und Weltkulturerbe zu sammeln und dauerhaft zu bewahren.
www.staatsbibliothek-berlin.de

Erste Auflage 2021

In Zusammenarbeit mit der
Staatsbibliothek zu Berlin
Preußischer Kulturbesitz

Mit einem Beitrag von Katrin Böhme

Verlagskoordination: Vera Maas
Lektorat: Kerstin Thorwarth
Umschlag und Layout: Birgit Haermeyer
Satz: Hilde Knauer
Gesetzt aus der Charter und der DINosaur
Repro: PPP Pre Print Partner, Köln
Druck und Verarbeitung: Print Consult, München

Printed in Czech Republic

ISBN 978-3-8321-6906-0
www.dumont-buchverlag.de

MIX
Papier aus verantwortungsvollen Quellen
FSC® C084279